ROUNIU KEXUE
YANGZHI JISHU

张相伦　马书林　董书伟　主编

肉牛科学养殖技术

中国农业科学技术出版社

图书在版编目(CIP)数据

肉牛科学养殖技术 / 张相伦，马书林，董书伟主编 . --北京：中国农业科学技术出版社，2024.5

ISBN 978-7-5116-6614-7

Ⅰ.①肉…　Ⅱ.①张…②马…③董…　Ⅲ.①肉牛-饲养管理　Ⅳ.①S823.9

中国国家版本馆 CIP 数据核字(2024)第 004352 号

责任编辑　张国锋
责任校对　李向荣
责任印制　姜义伟　王思文

出 版 者　中国农业科学技术出版社
北京市中关村南大街 12 号　　邮编：100081
电　　话　(010) 82109705 (编辑室)　　(010) 82106624 (发行部)
(010) 82109709 (读者服务部)
网　　址　https://castp.caas.cn
经 销 者　各地新华书店
印 刷 者　北京富泰印刷有限责任公司
开　　本　170 mm×240 mm　1/16
印　　张　13.5
字　　数　300 千字
版　　次　2024 年 5 月第 1 版　2024 年 5 月第 1 次印刷
定　　价　58.00 元

《肉牛科学养殖技术》
编委会

主　编　张相伦　马书林　董书伟

副主编　杜宝霞　曹步春　赵文娟
　　　　买买提·克玉木　晏云良
　　　　郭　雷

编　委　吴星星　莫绍萍　刘　彬
　　　　杨美翠　郭兵兵　赵峰丽
　　　　杨爱荣　常丽霞　张　楠
　　　　陈英华

前　　言

中国作为世界第三大肉牛主产国，肉牛产业在国家的重视和扶持下得到了快速的发展，不仅在调整居民膳食结构、改善人民生活水平上发挥着重要作用，而且在促进农村劳动力转移、增加农民收入以及促进农村经济增长方面也有着非常重要的意义。

党的二十大明确指出，要树立大食物观，构建多元化食物供给体系，多途径开发食物来源。近年来，多个省份提出“秸秆变肉”肉牛振兴工程，制定出台了系列政策。然而，当前肉牛生产经营方式落后、综合生产性能低、养殖规模小而散等诸多因素严重制约着我国肉牛产业发展。肉牛养殖主体是分散的小规模农户，肉牛养殖成本快速上升，养殖效益低下，牛肉产量增长缓慢，肉牛养殖技术应用不足和科学管理实践缺失导致肉牛养殖效率低而成本高的主要问题，应继续加强对中小规模养殖者的技术和管理培训，加快先进技术和管理实践的应用，提高养殖效率、降低养殖成本。

本书主要依据我国肉牛产业发展实际情况，结合国内外肉牛养殖先进及实用技术，重点介绍了肉牛品种及繁育技术、肉牛饲料加工及配制技术、肉牛饲养管理、牛场建设及环境控制、粪污资源化利用、屠宰及牛肉产品精深加工等最新技术，同时介绍了肉牛产业经营及管理的先进理念。全书共八章内容，通过总结当前肉牛产业的新技术、新模式、新方法，为肉牛养殖节本增效，提高养殖效益，促进产业的可持续发展，覆盖肉牛养殖产业链全过程，以期为肉牛从业者、专业技术人员等提供参考。

感谢北京中惠农科文化发展有限公司为本书做的宣传推广工作！

由于编者水平有限，书中不足之处在所难免。希望读者在使用中提出宝贵意见，以便再版时修改完善。

编　者

2023 年 12 月

目　录

第一章　我国肉牛产业概况及发展趋势

我国人民收入水平的提高和人口规模的扩大，推动食品消费结构转型升级，尤其对优质安全肉蛋奶需求也在不断增加。2018 年后由于非洲猪瘟和局部禽流感疫情影响，牛肉作为其替代品，在价格和需求量方面同步增长。由于我国肉牛产业仍然面临着牛源短缺、养殖成本持续上涨、饲草料资源紧缺、散养户退出增加等突出问题，影响牛肉的供给保障，难以满足城乡居民的消费需求。实现肉牛产业高质量发展是满足人民对优质、安全牛肉日益增长需求，聚焦高效养殖与绿色转型发展，提升生产技术效率，促进农民收入增长的有效途径，同步实现农业现代化和共同富裕。在新发展阶段，畜牧业高质量发展以生态优先、绿色发展为导向，聚焦高效养殖与绿色转型，以质量标准化为指导，筑牢产品质量安全防线，不断提高经济效益，并满足人民对优质畜禽产品日益增长的需求，是实现乡村振兴的重要内容，更是实现农业农村现代化的重要基础。

肉牛产业不仅是关系国计民生的重要产业，也是县域富民的优势产业，更是推进农业现代化的标志性产业。2021 年农业农村部印发了《推进肉牛肉羊生产发展五年行动方案》《“十四五”全国畜牧兽医行业发展规划》，提出加快构建畜牧业高质量发展新格局，推进畜牧业在农业中率先实现现代化，加快转变肉牛生产方式，不断提升牛肉综合生产能力、供应保障能力和市场竞争力。总的来说，当前我国肉牛产业发展的重点已经转变为数量与质量并重，且更加注重质量，以满足我国居民膳食结构改善和消费升级的需求。

一、肉牛产业发展历程

“十三五”期间，我国肉牛产业开始进入发展期，“十四五”期间则是肉牛产业转型升级实现高质量发展的关键时期。2022 年中国牛肉产量 712.5 万 t，是仅次于美国和巴西的世界第三大牛肉生产国，然而消费缺口高达 300 多万 t，近年进口量持续增长，依靠国内肉牛生产来满足需求压力巨大。与此同时，国内牛肉市场存在供求矛盾突出、牛肉价格持续高位运行、饲料粮价格上涨等问题，使我国肉牛产业面临巨大的发展压力。

近年来，随着我国经济发展进入新常态，生态文明建设被摆在突出位置上，肉牛生产“保供给、保安全、保生态”的压力增大，推进肉牛产业高质量和可持续发展，是贯彻新发展理念的必然要求，需要明确其在助力乡村振兴和推动农业农村现代化过程中的优势所在。

中国牛肉产量位居世界第三，且随着中国经济的快速发展，牛肉消费随着人均国内生产总值的增加而增加。随着城市化持续推进、中产阶级人口规模的增加以及健康膳食理念的普及，国内牛肉消费需求不断攀升。肉牛产业是农业农村经济发展的支柱产业，是实现资源综合利用与农业生产良性循环的重要抓手，能够促进农牧民增产增收与实现脱贫致富的现实路径，有助于居民消费结构转变，增强优质、安全动物蛋白供应的切实保障。

我国肉牛产业分布较广，但由于产业发展基础、自然环境、地理区位优势、补贴政策等原因，肉牛产业存在布局分布不均、产业链条发展不平衡和产业集聚程度两极分化的现象。1980 年以前受食物消费习惯和自然条件的影响，我国肉牛的养殖区域主要集中在新疆、内蒙古、青海、西藏等少数民族游牧区域，占全国总存栏量的一半以上。随着实行改革开放，加快经济发展，居民收入增加，生活水平显著提高，牛肉消费大幅提升，在市场经济的引导下，逐渐从牧区向半农半牧区和农业区域过渡，并逐渐形成了四大具有比较优势的肉牛生产优势区域，分别是东北优势产区、中原优势产区、西北优势产区和西南优势产区。东北优势产区包括吉林省、黑龙江省和内蒙古自治区；中原优势产区包括河北省、山东省、湖南省；西北优势产区包括青海省、甘肃省和陕西省；西南优势产区包括四川省和重庆市。

二、肉牛生产概况

（一）我国牛肉的总产量概况

1. 基本概况

2021 年我国肉牛存栏量 8 004. 4 万头，较 2020 年增加 319. 3 万头，同比增长 4. 2%，比 2011 年增长 20. 4%。2021 年我国肉牛出栏量 4 707. 4 万头，较 2020 年增加 141. 9 万头，同比增长 0. 3%，比 2011 年增长 12. 5%。2021 年我国牛肉产量 697. 5 万 t，较 2020 年增加 25. 1 万 t，同比增长 3. 7%，比 2011 年增长 14. 2%。

肉牛存栏量由 2015 年的 6 202. 90 万头上升到 2021 年的 8 004. 40 万头，基本处于波动递减到企稳并逐步回升的态势。我国肉牛出栏量是先涨再降后稳

定回升。2021 年的一号文件及肉牛补贴政策的出台在一定程度上提高了肉牛存栏量和养殖经济效益，促进我国肉牛养殖行业的健康发展。

2. 牛肉产量及价格情况

在牛肉供给方面，我国出台了一些促进肉牛产业发展的补贴政策，再加上牛肉价格较高，调动了一些合作社和家庭农场养殖肉牛的积极性，使国内牛肉产量整体上趋于上升，但上升幅度不大。近 10 年来，我国牛肉产量呈现波动上升的趋势，但上升幅度不大。2016 年以前，我国牛肉产量增长非常缓慢，2016 年为 616.9 万 t，比 2011 年的 610.7 万 t 仅增长了 6.2 万 t；2016 年以后，我国牛肉产量增长加快，2019 年达到历史新高，为 667 万 t，比 2011 年增长了 56.3 万 t。从 2011—2021 年中国牛肉产量仅由 610.7 万 t 增加到 683 万 t，年均增长率仅为 1.12%，低于世界的平均增长率 2.37%。2020 年以后国内牛肉增速放缓主要由于农村农业机械比例持续提高，役牛存栏下降，役牛提供牛肉数量显著下降，而国内肉牛养殖发展缓慢导致。肉牛养殖周期长，不确定性大，缺乏充足草料及牛犊成本高均影响我国肉牛产业发展。

3. 牛肉贸易情况

2022 年，我国牛肉进口 268.95 万 t，同比增加 15%，平均到岸价格 6 600 美元/t，同比上涨 23%，我国进口的牛肉主要来自巴西、阿根廷、乌拉圭、新西兰、澳大利亚，从这五个国家合计进口 235 万 t，占比 87%；其中从巴西进口 111 万 t，占比 41%，从阿根廷进口 49 万 t，占比 18%；从乌拉圭进口 35.6 万 t，占比 13%；从新西兰进口 21.6 万 t，占比 8%；从澳大利亚进口 16.9 万 t，占比 6.8%；从美国进口 18 万 t，占比 6.6%；美国已成为我国进口牛肉的第六来源国；其余从白俄罗斯、玻利维亚、智利、俄罗斯等国家进口。2011—2021 年我国牛肉产量上涨约 72 万 t，平均年增长量 7.2 万 t，而与年均上涨 35.39 万 t 的牛肉消费量相比，我国牛肉产量增长速度慢于消费增长速度，使得牛肉供给与需求的缺口不断拉大。在牛肉刚性需求与市场供给不足的矛盾突出的现实背景下，不得不通过加大肉牛进口以填补国内牛肉供求缺口。

（二）我国肉牛单产情况

2017—2021 年我国肉牛平均单产为 147.35kg/头，与其他主要生产国相比，我国肉牛平均单产比大多数国家平均单产都低，尤其是美国和日本，其肉牛平均单产远高于中国。我国肉牛平均单产低的主要原因是肉牛品种差异和牧草资源差异。世界上主要肉牛生产国，如美国、巴西和阿根廷等国主要采取大牧场放牧形式，其养殖规模通常是中国的数倍甚至数十倍；其草场面积广阔，适宜发展大规模肉牛养殖业，同时机械化程度相当高。日本肉牛单产高的主要原因是其生长周期较长，日本和牛一般30个月以上出栏，而中国的肉牛出栏时间较短，一般是24个月出栏，导致我国肉牛单产低于上述主要肉牛生产国。与其他主要生产国相比，中国肉牛单产增长率呈现波动变化趋势，并且单产增长整体低于其他国家。

（三）我国肉牛产业分布及养殖品种

我国主要肉牛养殖企业集中于特大型城市周边及传统牧区附近，具有较强的地域性分布特征。其中行业前十的肉牛养殖企业的存栏量仅占全国总存栏量的1%，产业集群程度远低于发达国家，资源共享和资源要素在肉牛产业间的循环利用程度低，缺乏特大型牧业集团，同质化竞争激烈。

2020年我国较大规模的牧场集中于西北优势产区、西南优势产区和东北优势产区，在这些专业化牧场中，养殖的主要品种包括西门塔尔牛、安格斯牛、和牛、褐牛和黄牛等。其中，安格斯牛和西门塔尔牛在我国各地区均有养殖，由于肉用性能好、适应性强、胴体品质高是主要的饲养品种，存栏量较大。地方黄牛由于价格便宜、抗病力强和农耕价值也有少量饲养，规模化饲养的肉牛品种中还是以国外大体型牛为主，地方牛种为辅。由于西南优势产区平原较少，所以当地牧场的经营特点为小牧场、大存栏，多以区域内集中牧场群的形式呈现。新疆、内蒙古、青海和西藏牧区地广人稀，多以大型分散式牧场为主。

三、肉牛产业发展形势分析

（一）牛肉价格波动原因分析

牛肉价格不稳定的波动，对消费者和生产者均有较大冲击，在国内牛肉价格异常波动风险保障机制不健全的情况下，养殖户也需要承担较高的养殖成本与风险，进而影响到肉牛产业的高质量发展。2014—2018年牛肉价格变化幅度不大，基本处于62元/kg左右，波动较为平稳。2020年受到新冠疫情的影响，国际农产品物流受阻，国外牛肉进口量收窄，在供不应求的情况下牛肉价格继续上升，达到82.90元/kg，牛肉价格一直处在相对高位运行的状态，政府仍需出台相关政策扭转其涨势，保障国内肉牛产业安全，实现持续健康发展。

（二）肉牛养殖成本高的原因

我国牛肉价格不断上涨的原因主要有以下几点。第一，城市化进程的加快推动了城乡居民收入水平的提高和膳食结构的转变，非牧区居民牛肉消费数量

增加，在需求端助推了牛肉价格的上涨。第二，由于肉牛综合养殖成本上涨，饲料成本、固定资产投资、仓储物流、人工成本和犊牛来源紧缺、育肥牛成本增加等原因，从供给端带动牛肉价格上涨，肉牛养殖的比较利润下降。第三，在新冠疫情的持续冲击下，牛肉生产、消费、市场流通和储备都受到不同程度的影响，国际农产品贸易也曾一度中断，间接推高了牛肉价格。第四，肉牛生产能力提升不明显，良种化水平偏低。在农业生产风险性和波动性增大的情况下，预期收益的下降阻碍了潜在投资者对肉牛产业的投资或压缩投资规模。肉牛繁殖和生产都主要依赖各地方品种，良种率低、产肉率低，也在一定程度上降低了牛肉的供给，拉动了牛肉价格的上升。

与发达国家相比，我国肉牛产业生产的成本高，而且成本的增长速度快，需要采取多种措施来降低我国肉牛的生产成本。中国肉牛单位产量总成本高于其他肉牛主要生产国，这是除了我国肉牛生产的劳动力成本比较高以外，可能与我国肉牛的胴体重、净肉率也有一定关系，应加强肉牛育种和技术研发，进一步提高我国肉牛的胴体重和净肉率。

（三）牛肉消费情况分析

从国内需求端来看，牛肉属优质畜产品。近年来，随着城乡居民收入水平提高，以及城镇化的不断拉动，我国牛肉消费量不断攀升。同时，近 2 年受到非洲猪瘟的影响，国内猪肉产量和市场供给明显供不应求，牛肉在国民肉类产品消费上，发挥了一定的替代作用，市场需求增加，以至于牛肉消费量增长加快。统计数据显示，2011—2022 年，我国牛肉消费量增长较快，同比增长 51.59%。而牛肉产量增长明显低于消费数量的增长，以至于牛肉的供求缺口逐渐拉大，供求矛盾不断加剧。2022 年我国牛肉消费量为 1 024.5 万 t，与产量 712.5 万 t 的缺口达到了 312 万 t 历史新高，由此可知我国牛肉供求缺口逐渐扩大。

2015 年至今，牛肉产量占肉类总产量的比重上升，2020 年肉类总产量为 7 629 万 t，其中 8.81%为牛肉，牛肉占比提升。主要由于 2018 年 8 月暴发非洲猪瘟重创生猪养殖，猪肉产量暴跌至 4 250 万 t，牛肉产量稳步小幅增加。今后，随着我国经济不断发展和人们营养膳食的改善，我国牛肉消费量增长依然强劲，预计未来我国牛肉消费量还会持续上涨。2022 年，中国的人均牛肉消费量为 6.9kg，低于世界人均牛肉消费量。现阶段我国牛肉消费呈现三大特点：国内牛肉人均消费依旧较低，行业消费潜力巨大；牛肉消费呈现区域性特点；牛肉品牌地域性相对分明。从消费总量看，中国牛肉消费需求总量处于世界前列且连年上升。但人均牛肉消费量仍处于世界较低水平，未来 5 年我国牛肉消费有望达到 8kg/(人·年)，年消费量在 1 100 万~1 200 万 t。从消费区域来看，由于食物消费的差异，可分为农区与牧区、东部和西部、南方和北方。作为牧区的内蒙古、新疆、西藏、青海、甘肃省份人均牛肉消费量高于农耕省份的 2~3 倍。受到气候和风俗习惯的影响，北方人均牛肉消费量总体高于南方。从牛肉消费类型来看，参考布瑞克数据库的肉牛产业分析简报发现，我国牛肉消费类型主要分为 3 种，分别是牛肉家庭消费、牛肉户外消费和牛肉加工消费。其中，由于价格远高于猪肉和禽肉的价格和饮食习惯等，牛肉家庭消费数量远小于猪肉和禽肉的数量。根据目前国内牛肉市场供需现状，肉牛行业转型势在必行，肉牛产业现代化、养殖规模化、肉牛产业高质量发展的生态化、地方种质资源商业化将成为趋势。

（四）牛肉贸易情况分析

从牛肉进口情况来看，我国牛肉进口量增长较快，由 2011 年的 2.01 万 t 增加到 2021 年的 230.05 万 t，9 年增长 200 多万 t。近年来，由于我国牛肉自给率明显不足，产需矛盾继续加深，为有效解决牛肉供需矛盾，满足市场需求，我国大量从国际农产品市场上进口牛肉，自 2019 年起中国已成为世界上最大牛肉进口国。随着牛肉需求的不断攀升，我国牛肉进口量也快速增加，并不断创造历史新高。从牛肉出口情况来看，我国牛肉出口长期处于低位运行态势，出口数量很少，多数年份都在 1 万 t 以下，海外牛肉市场有待进一步扩展，应充分利用自身的相对优势，将国内的中低档牛肉利用价格比较优势出口到其他地区，实现农业外汇创收。

（五）新冠疫情对肉牛生产的影响

新冠疫情作为一场全球性危机对我国肉牛生产也造成了巨大的冲击，受影响程度疫区明显高于非疫区；南方非玉米产区高于玉米产区；经济相对发达、交通便利的东部省区高于西部省区。受此次疫情影响，预计肉牛产业损失将超过百亿元，仅母牛空怀一项损失将达 40 多亿元。疫情对肉牛生产既有短期的不利冲击，更有链条传导累积的中长期影响。短期冲击包括养殖主体的饲料供应受阻、产品运输受到较大限制、产业主体面临着较大资金短缺压力等。中长期影响为母牛养殖环节受到约束，从而减少犊牛的供应量；肉牛育肥补栏和出栏计划被打乱，变相延长了肉牛的育肥周期，加剧未来育肥牛市场的波动；产业主体中长期将面临资金短缺压力，整体上压缩了牛肉生产的规模和产量。

四、肉牛产业发展趋势

（一）在“后疫情时代”背景下，国内肉牛行情持续面临下行压力

新冠疫情导致国内外经济下行压力凸显，负面连锁效应积聚。当前虽然进入“后疫情时代”，但全球普遍高通胀及消费疲软的态势却恐难在短期内扭转，终端消费价格与实际消费水平难免存有落差，保持高位坚挺的牛肉价格也未必能反向拉动肉牛市场行情，给养殖者带来与牛肉商家相匹配的市场议价能力和行业话语权，加之自 2021 年下半年开始出现基层牛源不断蓄积，导致市场行情持续低迷，挫伤养殖从业群体的积极性，基础母牛弃养抛售宰杀进入肉牛市场流通的情况有进一步抬头之势。2023 年国内肉牛市场行情也将随着传统消费淡季的来临而加速进入下行通道。值得关注的是，随着现阶段疫情稳定，东南亚地区蛰伏多时的活牛边境走私不法商贩也开始蠢蠢欲动，或将成为导致中国肉牛行情在 2023 年走低的关键叠加因素之一。

（二）养殖经济效益普遍下滑，繁育母牛养殖环节尤为明显

多重因素导致的肉牛市场行情下行，使 2022 年肉牛养殖经济效益也随之普遍下滑，而由于各类商品牛源价格出现了比育肥牛更为显著的回落，其养殖经济效益的下滑程度较育肥牛而言也更加严重。国内肉牛养殖经济效益依然不容乐观，对于现有规模化舍饲繁育母牛养殖从业群体而言，压力与挑战升级，形势尤为严峻，经过此轮冲击之后，国内肉牛产业结构与市场格局或将通过优胜劣汰法则迎来新的起点，开创新的局面。

（三）国家与地方政策继续聚焦肉牛产业高质量发展

农业农村部出台了《落实党中央 国务院 2023 年全面推进乡村振兴重点工作部署的实施意见》，提出深入开展肉牛增量提质行动；大力发展青贮玉米和苜蓿等优质饲草，因地制宜开发利用农作物秸秆及特色饲草资源；加强国家种业基地建设，深入开展种业企业扶优行动；强化品牌建设，实施农业品牌精品培育计划，加快农业品牌标准体系建设等重点工作内容。吉林省、安徽省等均出台了“秸秆变肉”工程，并制定了支持全省肉牛产业发展的政策措施。各地方政府因地制宜，顺应差异化竞争，结合各地肉牛产业发展实际情况，围绕增强金融支持、引导肉牛产业数智化赋能升级、强化肉牛绿色生态等方面继续出台相应的肉牛养殖补贴和产业支持政策，并围绕所在区域的特色种质资源开展种养加一体化生产体系，打造肉牛产业集群，推动肉牛产业高质量发展。

（四）优化稳定肉牛产业链与供应链，努力提升我国牛肉综合生产供给能力与自主品牌市场核心竞争力

亟须破除行业资源环境约束与经济技术壁垒，协调整合养殖、屠宰、加工及流通等肉牛行业相关领域资源，不断夯实肉牛产业基础，优化稳定肉牛产业链与供应链，努力提升我国牛肉综合生产供给能力与自主品牌市场核心竞争力。目标是聚焦全国肉牛传统主产区、潜力发展区和主销区，面向线上、线下消费与营销，重点培养一批优秀自主肉牛企业品牌和牛肉品牌。经过若干年的努力，使企业在质量效益和市场竞争力等方面有较大提升；在产业结构优化调整、全产业链标准体系构建、产品质量安全把控及自主品牌建设等方面发挥较强示范引领作用。

回顾近年来我国肉牛市场行情演变历程，主流产品价格历史性峰值出现在2020年，这与当时极其错综复杂的国内外形势有着密不可分的关联，行情价格的走势牵动着从业者与投资者的关注，也影响着肉牛产业基础的结构性变化。随着时间的推移，一些特殊变量因素所发挥的支撑促进作用逐渐消退，取而代之的是理性回归和冗余消除。在变化莫测的历史进程中，考验的是决策者的稳定心态和对于行业发展内在逻辑的洞察与把控，不畏浮云遮望眼，求真务实才能掌握生存主动权，而毋庸置疑的是，肉牛产业依然是畜牧产业中的朝阳产业。

第二章　肉牛品种与繁育技术

肉牛是我国数量最多、分布最广的牛种，根据《中国畜禽遗传资源志·牛志》的记载，我国有地方肉牛品种53个，分布于全国各地。我国南方地区的肉牛在外形上与北方地区的肉牛存在明显的差别，前者具有高的肩峰和发达的颈垂等瘤牛的特征，说明它们在起源上是不一致的。根据中国肉牛的产地、生态特征以及外形差异等，可以将中国肉牛分为蒙古牛、哈萨克牛、（西）藏牛和南方牛4个系（类群），也有将其分为北方牛、中原牛和南方牛3个类型。我国北方地区（包括中原地区）的肉牛更多受到蒙古牛的影响，南方肉牛则更多含有瘤牛的血统，而西藏牛则是在相对独立的生态体系下繁衍而成。中国肉牛传统上主要是作役用，只是在淘汰时作肉用。但也有少数肉牛，如邓川牛，具有较好的泌乳能力，蒙古牛以前也是牧民饮用牛奶或加工乳制品的主要来源。现在，随着农业机械化的发展，肉牛向肉用或肉乳兼用方向发展。

第一节　主要国内外品种介绍

一、中国代表性地方品种

（一）秦川牛

1. 产地与分布

秦川牛因产于陕西省渭河流域关中平原地区的“八百里秦川”而得名，即东起潼关、蒲城，西至宝鸡间的15县市为主产区，以蒲城、渭南、富平、咸阳、乾县、礼泉等市、县所产的牛最著名。

2. 外貌特征

秦川牛体质结实，骨骼粗壮，体格高大，结构匀称，肌肉丰满，毛色以紫色和红色为主（90%），其余为黄色，鼻镜为肉色。公牛头大额宽，母牛头清秀。口方，面平。角短钝，向后或向外下方伸展。公牛颈短而粗，有明显的肩峰，母牛鬐甲低而薄。胸部宽深，肋骨开张良好。四肢结实，蹄圆，大多呈红色，部分牛有斜尻。

3. 生产性能

秦川牛具有育肥快、瘦肉率高、肉质细和大理石纹明显等特点。在中等饲养水平条件下，屠宰率58%左右，净肉率50%左右，胴体产肉率86.65%，骨肉比1∶6.13，眼肌面积97.02cm^2。

秦川牛母牛的初情期为9月龄，发情周期21d，发情持续期39h（25~63h），妊娠期为285d，产后第一次发情53d。公牛12月龄性成熟。公牛初配年龄2岁。母牛可繁殖到14~15岁。

秦川牛适应性好，除热带及亚热带地区外，均可正常生长。性情温驯，耐粗饲，产肉性能好。部分省份引入秦川牛，进行纯种繁育或改良当地肉牛，取得了良好的效果。

（二）南阳牛

1. 产地与分布

南阳牛产于河南省南阳市地区白河和唐河流域的平原地区，以南阳、唐河、社旗、方城等8市、县为主产区。

2. 外貌特征

南阳牛体格高大，结构匀称，体质结实，肌肉丰满。胸部深，背腰平直，肢势端正，蹄圆大。公牛头方正，颈短粗，前躯发达，肩峰高耸。母牛头清秀，颈单薄、呈水平状，一般中、后躯发育良好，乳房发育较差。部分牛有斜尻。毛色以黄色最多（占80.5%），其余为红色、草白色等。鼻镜多为肉色带黑点，黏膜多为淡红色。角形较杂，颜色有蜡黄色、青色和白色。

3. 生产性能

18月龄公牛平均屠宰率为55.6%，净肉率46.6%。3~5岁去势牛在强度育肥后，屠宰率64.6%，净肉率56.8%。眼肌面积95.3cm^2。南阳牛肉质细腻，大理石状纹明显。

南阳牛性成熟期8~11月龄，发情周期21d，发情持续期1~1.5d。产后第一次发情平均77d，妊娠期平均292d。怀母犊期时间较短，平均289d，怀公犊比怀母犊长4.4d。2岁初配，利用年限5~9年。南阳牛具有适应性良好、耐粗饲、肉用性能好等特点。利用夏洛来牛与南阳牛杂交，育成了肉牛新品种夏南牛。

（三）鲁西牛

1. 产地与分布

鲁西牛原产于山东省西南部的菏泽市与济宁市。

2. 外貌特征

鲁西牛体格高大而稍短，骨骼细，肌肉发育良好。侧望近似长方形，具有肉用型外貌。公牛头短而宽，角较粗，颈短而粗，前躯发育好，鬐甲高，垂皮发达。母牛头稍窄而长，颈细长，垂皮小，后躯宽阔。角为灰白色。皮肤有弹性，被毛密而细，光泽好。毛色以黄色最多，个别牛毛色略浅。约 70%的牛具有完全或不完全的“三粉特征”（即眼圈、嘴全和腹下至股内侧呈粉色或毛色较浅），一些个体后躯欠丰满。

3. 生产性能

鲁西牛产肉性能较高，屠宰率 54.4%，净肉率 48.6%。骨肉比 1∶4.23。肉质细，大理石状花纹明显。母牛成熟较早，一般 10~12 月龄开始发情，发情周期平均 22d，发情持续期 2~3d，妊娠期 285d，产后第一次发情平均 35d。1.5~2 岁初配，终身可产犊 7~8 头。鲁西牛耐粗饲，性情温驯，易管理，耐寒力较弱，但有抗结核病及梨形虫病的特性。

（四）延边牛

1. 产地与分布

延边牛产于吉林省延边朝鲜族自治州，分布于吉林、辽宁及黑龙江等省份。

2. 外貌特征

延边牛体质粗壮结实，结构匀称。两性外貌差异明显。头较小，额部宽平，角尖宽，角根粗，角形如倒八字。前躯发育比后躯好，颈短，公牛颈部隆起。鬐甲长平，背、腰平直，斜尻。四肢较高，关节明显，蹄质坚实。皮肤稍厚而有弹性，被毛长而柔软，毛色为深浅不同的黄色，其中黄色占 74.8%，深黄色占 16.3%，浅黄色占 6.7%，其他毛色占 2.2%。

3. 生产性能

延边牛产肉性能良好，易育肥，肉质细嫩，呈大理石纹状结构。母牛 8~9 月龄初次发情，性成熟期母牛为 13 月龄，公牛为 14 月龄。母牛一般 20~24 月龄初配，发情周期平均 20.5d，发情持续期平均 20h。延边牛抗寒、抗病力强，耐粗饲，性情温驯，易育肥，产肉性能良好。我国利用利木赞牛与延边牛杂交，育成了肉牛新品种延肉牛。

（五）晋南牛

1. 产地与分布

晋南牛产于山西省南部汾河下游的晋南盆地，主产区在运城市及临汾市。

2. 外貌特征

晋南牛体格大，骨骼结实，健壮。母牛头较清秀，面平，角多为扁形呈蜡黄色，角尖为枣红色，角形较杂。公牛额短稍凸，角粗而圆，颈粗而微弓，肌肉发育良好。鬐甲宽而略高于背线，胸宽深，前躯发达，背平直，腰短。尻较窄略斜。四肢结实，蹄大而圆。鼻镜、蹄壳为粉红色，毛色多为枣红色。

3. 生产性能

屠宰率为55%，净肉率44.2%，骨肉比1∶5.64。性成熟期为9~10月龄，母牛初次配种年龄为2岁。繁殖年限，公牛8~10岁，母牛12~13岁。发情周期为19~24d，平均21d。妊娠期285d。晋南牛性情温驯，易于管理，耐粗饲，产肉性能高。但后躯发育一般较差，产奶量低。

（六）蒙古牛

1. 产地与分布

蒙古牛主要产区在兴安岭东、西两麓，内蒙古自治区及东北、华北至西北各省均有分布，是中国肉牛中分布最广的品种。此外，蒙古国、俄罗斯及亚洲中部的一些国家也有饲养。

2. 外貌特征

蒙古牛头粗重，额宽，角向前上方弯曲，眼大。颈长适中，垂皮小。鬐甲低平，背腰平直，腹大但不下垂，后躯窄，斜尻。四肢强健，蹄较小、坚实。乳房较其他肉牛发育好，乳头小。毛色较杂，以黄色、黑色、红褐色为主，还有黑白花及狸色等。

3. 生产性能

蒙古牛体型中等，总体生产性能不高。体重为300~400kg，但不同草原地区的牛有一定的差异。8月下旬屠宰的上等膘母牛，屠宰率为51.5%；4月下旬屠宰的母牛，屠宰率为40.2%。挤奶期5~6.5个月，产奶量500~700kg，乳脂率5.2%。所产奶除饮用外，还用于加工当地民间乳制品，或为当地乳品加工厂的原料乳。

蒙古牛繁殖性能好，母牛2.5~3.5岁初次配种，公牛3岁作种用。在放牧条件下10~15月龄性成熟，4~8岁为繁殖盛期，发情周期19~24d，妊娠期285d。蒙古牛体质结实，适宜放牧，抗病力强，是我国耐寒、耐干旱的牛品种之一。

（七）南方牛

1. 分布与特性

南方牛是产于我国长江流域以及整个长江以南地区的肉牛总称，其外貌特征显著区别于我国其他地区的肉牛品种。南方牛种类繁多，但大多体型较小，属于役用牛体型。具有耐粗饲、耐热、行动敏捷、善于爬山、抗梨形虫病等特点。

2. 外貌特征

南方牛体型普遍较小。公牛肩缝隆起，有些高达 8～10cm，形似瘤牛。头短小，额宽阔，颈细长，颈垂大，胸部发达。由腰到臀，肌肉发达。臀端椭圆，肌肉较丰满。毛色一般为黄色、褐色、深红色、浅红色及少量黑色。

3. 生产性能

南方牛因体型大小不同，肉用、役用能力差异很大。一般育成去势牛屠宰率在 55%左右，未育肥牛的则在 50%左右，肉质细嫩。

（八）皖南牛

1. 产地与分布

皖南牛主要产于安徽省境内长江以南的黟县、歙县、绩溪、旌德及祁门各县。皖南牛产地属黄山山区，该地区地势较高，山岭延绵，地形错综，山河交错，地形异常复杂，大致可分为高山、中山区（海拔 500m 以上）、低山丘陵区（海拔 250m 左右）和盆谷漫滩区，其中以低山丘陵区面积最大，约占总面积的 2/3。产区地处中亚热带，年平均气温为 15.4～16.3℃，无霜期 230d，草食动物基本可终年放牧。由于当地自然条件好，气候温暖，草场广，牧地多，群众自古即有养牛习惯。

2. 外貌特征

皖南牛体型不太一致，从总体来说，体型偏小，但结构较好，四肢较细。外貌分类可分为粗糙和细致两种类型，另外尚有介于两者之间的中间类型。粗糙型：外貌粗糙，头较粗重，额宽平（也有微凹），颈稍短。垂皮发达，公牛肩峰较高，母牛稍具肩峰或有小突起。胸部较深，背腰平直，双脊背较多，后臀肌肉较丰满。尾细而长。四肢较短，即肢势类似水牛。被毛较粗糙。蹄子多呈黑色，质甚坚实，能经水泡。毛色以褐色、灰褐、黄褐、深褐、黑色等较多，且具有背线。细致型：外形较细致清秀，头较狭长而轻，颈较细长而平，垂皮发达。公牛稍有肩峰，但较低，母牛肩峰不明显。毛色以橘黄色、黄红色为主。体型稍大者较多。

3. 生产性能

皖南牛不仅能负担旱田耕作，还能耕作水田，行动敏捷，性情温驯，善于爬山觅食，能吃青草长膘，耐粗，早熟。但大多数牛体型矮小，体重较轻，大型牛为数不多。皖南青壮年牛屠宰率为 50%～55%，净肉率 45%，肉质细嫩，熟肥。在繁殖性能上，皖南牛 5~6 月龄性成熟，8~9 月龄开始发情，2 岁产犊。公牛 10 月龄即能配种。

（九）大别山牛

1. 产地与分布

大别山牛主产于湖北省大别山西部的黄陂、大悟、英山、罗田、红安、麻城等县和安徽省大别山东部的金寨、霍山、岳西、六安、舒城、桐城、潜山、太湖、宿松等县。产区境内山脉起伏，按其海拔高度和山脉走向，分高山（海拔 700~1 800m）、中山（海拔 200~700m）和低山丘陵（海拔在 200m 以下）。

2. 外貌特征

大别山牛身体结构紧凑。垂皮发达，角形多为迎风角、叉角和笋角。肩峰明显。胸深宽，肋骨明显地隆起，后躯较宽而稍斜。四肢筋腱明显，蹄圆大而坚实，多为黑色。乳房发育好，多呈碗形和梨形。毛色以黄色为主，其次为褐色，少数为黑色。鼻镜肉红色、黑色或红黑色相间。

3. 生产性能

大别山牛具有适应山地耕作和放牧饲养、役力较强、肉用性能较好、比较早熟等优良特点，是山区农业生产的重要畜力资源。但也有体型差异较大、后躯不够丰满等缺点。

（十）哈萨克牛

1. 产地与分布

哈萨克牛（Hazake）产于新疆北部地区。主要分布在伊犁哈萨克自治州（包括伊犁、塔城、阿勒泰 3 个地区）、博尔塔拉蒙古自治州、昌吉回族自治州境内的广大山区和草原。哈萨克牛具有良好的肉用性能，夏秋季在草地放牧的条件下，能迅速长膘。

2. 外貌特征

被毛以黄、黑为主，角呈半椭圆形，颈细，肉垂不发达，鬐甲低平，背腰平直，后躯较窄，多呈尖斜尻，尾根较低，母牛乳房小，呈碗状。桩毛粗厚多绒，冬季密而长，春夏自然脱毛。毛色杂，以黄和黑色为主。角多呈蜡黄色，青紫色和黑灰色次之，角尖色深。蹄多呈蜡黄色和灰白色。

3. 生产性能

哈萨克牛成年公牛体重 340kg，母牛体重 250kg。育肥牛屠宰率 60%，瘦肉率 38%。哈萨克牛的产乳期长短、产乳量多寡受产犊季节及饲养水平的影响很大。哈萨克牛性情温驯，便于使役，持久耐劳。哈萨克牛的繁殖成活率受多种因素的制约，尤其因冬春气候、草场条件及管理水平的不同而有较大的差异。在正常的条件下，繁殖成活率很高。哈萨克牛是我国新疆北部寒冷地区的一个地方良种。它具有抗寒力强，耐粗饲、抗病、体质强壮结实、遗传性稳定等优良特性，适于粗放的饲养管理，在恶劣的环境条件下，表现出很强的抗逆性。哈萨克牛与其他乳用、兼用及肉用品种进行杂交，均获得良好效果。各类杂种后代在保持哈萨克牛良好适应性的同时，也表现出较高的生产性能。

二、主要国外品种介绍

（一）夏洛来牛

1. 产地与分布

夏洛来牛属肉牛品种，原产于法国的夏洛来省，最早为役用牛。从 18 世纪开始被系统地选育为肉牛。1986 年法国的夏洛来牛已超过 300 万头。世界上很多国家都引入夏洛来牛作为肉牛生产的种牛。我国分别于 1964 年和 1974 年大批引入，1988 年又有小批量的进口，以后很多国家和地区从加拿大陆续大批进口夏洛来牛。

2. 外貌特征

夏洛来牛毛色为乳白色或白色，皮肤及黏膜为浅红色。头部大小适中而稍短，额部和鼻镜宽广。角圆而较长，向两侧和前方伸展，并呈蜡黄色。体格大，胸极深，背直、腰宽、臀部大，大腿深而圆。骨骼粗壮。全身肌肉发达，背、腰、臀部肌肉块明显，肌肉块之间沟痕清晰，常有“双肌”现象出现。四肢长短适中，站立良好。

3. 生产性能

夏洛来牛属于大型肉用牛，成年公牛活重为 1 100~1 200kg，体高 142cm；成年母牛活重为 700~800kg，体高 132cm。公、母犊牛的初生重分别为 45kg 和 42kg，增重快，尤其是早期生长阶段。在良好的饲养条件下，6 月龄公牛可以达到 250kg，母牛 210kg，日增重为 1 400g。平均屠宰率为 65%~68%，净肉率 54%以上。肉质好，脂肪少而瘦肉多。母牛一个泌乳期产奶量 2 000kg，从而保证了犊牛生长发育的需要。夏洛来牛基本能够适应我国的饲料类型和管理方式。但其日增重水平低于原产地条件下的日增重水平。该品种在繁殖方面存在难产率高（13.8%）的缺点。

4. 杂交改良效果

夏洛来牛是我国引进较早、与我国本地肉牛杂交规模最广的外国肉牛品种之一。夏洛来牛与本地肉牛杂交，杂种牛无论是犊牛还是成年牛，在体高、体重、生长速度等方面，都比本地肉牛有明显提高，肉用性能也显著提高。但夏洛来公牛与个体较小的母肉牛杂交，难产率往往偏高。夏洛来杂种犊牛个体大，生长快，对营养水平要求高，在饲草、饲料差的条件下，犊牛断乳前后生长受阻，发育不良，甚至出现倒退现象。不少地区的屠宰试验表明，夏洛来杂种牛的骨量偏大。另外，对于生产高档牛肉来说，夏洛来杂种牛不属于优选者。

在我国，利用夏洛来牛与地方肉牛品种杂交选育，育成了肉牛新品种夏南牛和辽育白牛，并于近年通过了国家鉴定。这两个新培育品种的生长速度和产肉性能与当地肉牛比较有明显提高。

（二）利木赞牛

1. 产地与分布

利木赞牛属肉牛品种，原产地为法国中部高原地区，分布在上维埃纳、克勒兹和科留兹等地，相传其祖先是德国和奥地利肉牛。原来为役肉兼用牛，从1850年开始培育，1900年后向瘦肉较多的肉用方向转化。现有近100万头，是法国第二个重要肉牛品种。我国于1974年和1976年分批引入，近年又继续引入。

2. 外貌特征

利木赞牛毛色为黄红色或红黄色，口鼻周围、眼圈周围、四肢内侧及尾帚毛色较浅。头较短小，额宽，公牛角稍短且向两侧伸展，母牛角细且向前弯曲。肉垂发达。体格比夏洛来牛小，胸宽而深，体躯长，四肢较细，全身肌肉丰满，前肢肌肉发达，但不如典型肉牛品种那样方正。四肢较细。成年公牛体高140cm，母牛130cm。成牛公牛体重950~1 200kg，母牛600~800kg。在欧洲大陆型肉牛品种中是中等体型的牛种。

3. 生产性能

利木赞牛初生体重较小，公犊为36kg，母犊为35kg；犊牛体重与母牛体重的比值较相近体重的其他牛种低0.3%~0.7%，难产率较低。该牛生长强度大，周岁体重可达450kg。比较早熟，如果早期生长不能得到足够的营养，后期的补偿生长能力较差。屠宰率为63%以上，净肉率为52%，肉骨比为（12~14）：1。适合东、西方两种风格的牛肉生产。母牛初情期1岁左右，初配年龄是18~20月龄，繁殖母牛空怀时间短，两胎间隔平均为375d。公牛利用年限5~7年，最长达13年。适应性强，耐粗饲。

4. 杂交改良效果

在山东的试验表明，利木赞牛改良鲁西肉牛效果明显，杂种一代牛耐粗饲，适应性强。F_1 母牛初配月龄可比肉牛提前 3~5 个月，产犊间隔比肉牛缩短。产肉性能也有明显提高，屠宰率达到 57%~60%，净肉率为 47%~50%。利木赞牛是常用的杂交父本品种，在我国肉牛改良中是占第三位的牛种。我国利用该牛与延边肉牛杂交，育成了肉牛新品种延黄牛。

（三）海福特牛

1. 产地与分布

海福特牛属肉牛品种，是英国最古老的早熟中型肉牛品种之一，原产于英格兰岛，在英国西部威尔士地区的海福特县以及毗邻的牛津县。

2. 外貌特征

体格较小，骨骼纤细，具有典型的肉用体型：头短，额宽；角向两侧平展且微向前下方弯曲，母牛角前端也有向下弯曲的。颈粗短，垂肉发达，躯干呈矩形，四肢短，被毛为暗红色，并具有“六百”特征，即头、颈垂、胸、腹下、四肢下部及尾帚为白色，皮肤橙黄色。海福特牛成年公牛体重 850~1 100kg，成年母牛体重 600~750kg；初生公犊 34kg，母犊 32kg。

3. 生产性能

脂肪主要沉积于内脏，皮下结缔组织和肌肉间脂肪较少。肉质细嫩，味道鲜美，肉呈大理石纹状。具有体质强壮、较耐粗饲、适于放牧饲养、产肉率高等特点，在我国饲养的效果也很好。用海福特牛改良本地肉牛，也取得初步成效。海福特牛的屠宰率为 60%~65%。净肉率达 57%。

繁殖力高，小母牛 6 月龄开始发情，育成母牛 18~90 月龄、体重 600kg 开始配种。发情周期 21d（18~23d），发情持续期 12~36h，妊娠期平均为 277d（260~290d）。

4. 杂交改良效果

中国在 1913 年、1965 年曾陆续从美国引进该牛，现已分布于我国东北、西北广大地区，总数有 400 余头。各地用其与本地肉牛杂交，海杂牛一般表现体格加大，体型改善，宽度提高明显；犊牛生长快，抗病耐寒，适应性好，体躯被毛为红色，但头、腹下和四肢部位多有白毛。

（四）安格斯牛

1. 产地与分布

安格斯牛属肉牛品种，原产于英国苏格兰东北部的阿伯丁、安格斯、班芙和金卡丁等郡，现世界各地均有养殖。

2. 外貌特征

安格斯牛以被毛黑色和无角为其重要特征，故也称其为无角黑牛。部分牛只腹下、脐部和乳房部有白斑，其出现率约占 40%，不作为品种缺陷。红色安格斯牛被毛红色或橙红，与黑色安格斯牛在体躯结构和生产性能方面没有大的差异。安格斯牛体型较小，体躯低矮，体质紧凑、结实。头小而方正，头额部宽而额顶突起，眼圆大而明亮，灵活有神。嘴宽阔，口裂较深，上下唇整齐，鼻梁正直，鼻孔较大，鼻镜较宽，颜色为黑色。颈中等长且较厚，垂皮明显，背线平直，腰荐丰满，体躯宽深，呈圆筒状，四肢短而直，且两前肢、两后肢间距均较宽，体形呈长方形。全身肌肉丰满，体躯平滑丰润，腰和尻部肌肉发达，大腿肌肉延伸到飞节。皮肤松软，富弹性，犊牛被毛呈油亮红色。

3. 生产性能

安格斯牛成年公牛体重 700~900kg，母牛体重 500~600kg；成年公、母牛体高分别为 130. 8cm 和 118. 9cm。胴体品质好，净肉率高，大理石纹明显，屠宰率 60%~65%；牛肉嫩度和风味很好，素有“贵族牛肉”之称。

安格斯牛一直以其优良的母性特征和良好的哺乳能力著称。母牛乳房结构紧凑，泌乳力强，是肉牛生产配套系中理想的母系。

安格斯牛母牛 12 月龄性成熟；发育良好的安格斯牛可在 13~14 月龄初配。头胎产犊年龄 2~2. 5 岁，产犊间隔一般 12 个月左右，短于其他肉牛品种，产犊间隔在 10~14 个月的占 87%。发情周期 20d 左右，发情持续期平均 21h；情期受胎率 78. 4%，妊娠期 280d 左右。母牛的连产性能好、长寿，可利用到 17~18 岁。安格斯牛体型较小、初生重轻，极少出现难产。

4. 杂交改良效果

红安格斯牛被毛红色，适应能力强，适宜于热带、温带降雨丰富的牧场、山地饲养，是我国从国外引进优良品种的首选牛之一，也是我国用于地方肉牛品种杂交改良的主要牛种之一。

利用安格斯牛改良大别山牛，在同样的饲养条件下，安-大杂交牛 F_1 代的初生重、6 月龄、12 月龄和 24 月龄的体尺、体重指标均高于大别山牛，其体型得到较大的改善；育肥 12 月龄后安-大杂交牛 F_1 代的宰前活重、胴体重和净肉重均高于大别山牛，杂交优势明显。安格斯牛是改良大别山牛的理想父本，具有较高的推广及应用价值。

（五）日本黑牛

1. 产地与分布

日本黑牛（又称黑毛和牛）原产于日本九州、四国、鹿儿岛、兵库等地，是“日本改良牛”中选育最成功的一个品种，也是被世界公认的品质最好的肉牛。

2. 外貌特征

日本黑牛以黑色为主毛色，在乳房和腹壁有白斑，或者黑被毛中可见散发白毛。部分体躯可允许显示褐色至白色斑。角色浅，皮薄毛顺或卷，体呈筒状，四肢轮廓清楚，肋胸开张良好。成年公牛体高 139～146cm，体重 890～990kg；母牛体高 125～131cm，体重 510～610kg。

3. 生产性能

育肥牛在 20 月龄时屠宰，育肥 360d，结束时体重 566kg，胴体重 356kg，屠宰率 62.9%。在 26 日龄时屠宰。育肥 514d，结束时体重 624kg，胴体重 403kg，屠宰率 64.7%。

（六）西门塔尔牛

1. 产地与分布

西门塔尔牛属乳肉兼用品种，原产于瑞士西部的阿尔卑斯山区的河谷地带，主要产地是伯尔尼州的西门塔尔平原和萨能平原。该地区牧草繁茂，适于放牧。在法国、德国、奥地利等国也有西门塔尔牛分布。西门塔尔牛占瑞士全国牛总数的 50%，在奥地利占全国牛总数的 63%，在德国占全国牛总数的 39%。现已分布到很多国家。我国自 20 世纪 50 年代开始从苏联引进，70—80 年代又先后从瑞士、德国、奥地利等国引进，2002 年核心群规模达 3 万余头。

2. 外貌特征

体型外貌西门塔尔牛毛色多为黄白花或淡红白花，一般为白头，身躯常有白色胸带和肷带，腹部、四肢下部、尾帚为白色。体格粗壮结实，前躯较后躯发育好，胸深、腰宽、体长、尻部长宽平直，体躯呈圆筒状，肌肉丰满，四肢结实，乳房发育中等。肉乳兼用型西门塔尔牛多数无白色的胸带和肷带，颈部被毛密集且多卷曲。胸部宽深，后躯肌肉发达。

3. 生产性能

西门塔尔牛属于乳肉兼用大型品种。但有些国家已向大型肉用方向发展，逐渐形成了肉乳兼用品系，如加拿大的西门塔尔牛就属于肉乳兼用型，又称加系西门塔尔牛。西门塔尔牛肌肉发达，产肉性能良好。据 36 头公犊的试验，平均日增重为1 596g。公牛经育肥后，屠宰率可以达到65%。在半育肥状态下，一般母牛的屠宰率为53%~55%。胴体瘦肉多，脂肪少，且分布均匀。

泌乳期产奶量3 500~4 500kg，乳脂率3.64%~4.13%。我国饲养的西门塔尔牛，其核心群的平均产奶量为3 550kg，乳脂率4.74%。肉乳兼用型西门塔尔牛产奶量稍低，如黑龙江省宝清县饲养的加系肉乳兼用型西门塔尔牛，在饲养水平较差条件下，第1、第2胎次泌乳期分别为240d和265d，平均产奶量分别为1 486kg和1 750kg。由于西门塔尔牛原来常年放牧饲养，因此具有耐粗饲、适应性强的特点。西门塔尔牛的产奶性能比肉用品种高得多，而且产肉性能也不亚于专门化的肉牛品种。

4. 杂交改良的效果

西门塔尔牛是另一个对我国肉牛影响比较大的外国牛种，在我国北方许多地区都利用该牛改良当地的肉牛，并取得了比较理想的结果。杂种牛外貌特征趋向父本，额部有白斑或白星，胸深加大，后躯发达，肌肉丰满，四肢粗壮，牛的生长速度、育肥效果和屠宰性能较我国地方肉牛品种均有较大幅度提高，产奶性能也有较大改进。

根据全国商品牛基地县的统计资料，207d的泌乳期产奶量，西杂一代牛为1 818kg，西杂二代牛为2 121.5kg，西杂三代牛为2 230.5kg。

在相同条件下，西杂一代牛与其他肉用品种（夏洛来、利木赞、海福特）的杂种一代牛相比，肉质稍差，表现为颜色较淡、结构粗糙、脂肪分布不够均匀。

用西门塔尔牛改良肉牛而形成的下一代杂种母牛有很好的哺乳能力，能哺育出生长快的杂交犊牛，是下一轮杂交的良好母系。在国外，这一品种牛既可作为“终端”杂交的父系品种，又可作为配套系母系的一个多功能品种。

近年来，我国未从欧洲国家引进西门塔尔牛，而主要从加拿大等国引进，所以目前在全国范围内乳肉兼用西门塔尔牛供应紧张，肉乳兼用型牛相对充足。

（七）瑞士褐牛

1. 产地与分布

瑞士褐牛属乳肉兼用品种，原产于瑞士阿尔卑斯山区，主要在瓦莱斯地区。由当地的短角牛在良好的饲养管理条件下，经过长时间选种选配而育成。

2. 外貌特征

被毛为褐色，由浅褐、灰褐至深褐色，在鼻镜四周有一浅色或白色带，鼻、舌、角尖、尾帚及蹄为黑色。头宽短，额稍凹陷，颈短粗，垂皮不发达，胸深，背线平直，尻宽而平，四肢粗壮结实，乳房匀称，发育良好。成年公牛体重为 1 000kg，母牛 500~550kg。

3. 生产性能

美国瑞士褐牛为乳用牛，平均产奶量 5 785kg，乳脂率 3.98%；原产瑞士褐牛为乳肉兼用型，屠宰率 50%~60%。瑞士褐牛成熟较晚，一般 2 岁才配种。耐粗饲，适应性强，美国、加拿大、德国、波兰、奥地利等国均有饲养，全世界约有 600 万头。瑞士褐牛对新疆褐牛的育成起过重要作用。

（八）德国肉牛

1. 产地与分布

德国肉牛也称格非牛属乳肉兼用品种，原产于德国和奥地利，其中德国居多，为乳肉兼用品种。以西德拜恩州的维尔茨堡、纽伦堡、班格等为中心产区。在西德，该牛约为总牛数的 6%。

2. 外貌特征

德国肉牛毛色为棕黄色或红棕色，眼圈周围颜色较浅。体躯长而欠宽阔，后躯发育好，全身肌肉丰满，四肢姿势良好，蹄质坚实，呈黑色。成年公牛体重 1 000~1 100kg，体高 135~140cm；母牛体重 700~800kg，体高 130~134cm。

3. 生产性能

屠宰率 62.2%；母牛年产奶量 4 164kg，乳脂率 4.1%。德国肉牛的繁殖性能较其他主要的欧洲品种要好。青年母牛 18 月龄的受胎率为 93.2%，经产母牛产后恢复发情快，发情表现明显，易于检测，情期受胎率为 75%~85%，配种产犊期短，一般只需 2 个发情期。德国肉牛性情温顺，易于管理，耐粗饲，适用范围广，具有一定的耐热抗蜱性。

（九）丹麦红牛

1. 产地与分布

丹麦红牛属乳肉兼用品种，原产于丹麦的默恩、西兰及洛兰等岛屿。1841—1863 年用安格勒牛和乳用短角与当地的北斯勒准西牛杂交改良的基础上，经多年选育，于 1878 年育成，1885 年出版良种登记册。为了进一步提高丹麦红牛的生产性能，消除由于长期纯繁和近交而引起的难产、死胎、犊牛死亡率高等缺点，1972—1985 年相继导入瑞典的红白花牛、芬兰爱尔夏牛、荷兰红白花牛、美国的瑞士褐牛以及法国的利木赞牛基因，近年再次导入美国的瑞士褐牛基因。现在的丹麦红牛，以产奶量多，乳脂和乳蛋白含量高，对结核病有抵抗力而驰名。

2. 外貌特征

丹麦红牛体型大，体躯长而深，胸部向前突出，有明显的垂皮，背长稍凹，腹部容积大，乳房发达，发育匀称，乳头长 8~10cm。被毛为红色或深红色，部分牛只腹部和乳房部有白斑，鼻镜为瓦灰色。公牛一般毛色较深。成年公牛体高 148cm，体重 1 000~1 300kg；成年母牛体高 132cm，体重 650kg。犊牛初生重为 40kg 左右。

3. 生产性能

据丹麦年鉴记载，1989—1990 年平均产奶量达 6 712kg，乳脂率 4. 31%，乳蛋白率 3. 49%。个体最高单产纪录为 11 896kg，乳脂率 4. 2%，乳脂量 446kg，乳蛋白率 3. 31%。个体最高终生产奶 10 000kg 以上。在我国饲养条件下，305d 产奶量 5 400kg，乳脂率 4. 21%，最高个体达 7 000kg。丹麦红牛肉用性能亦好，屠宰率一般为 54%。在育肥期，12~16 月龄的小公牛，平均日增重达 1 010g，屠宰率为 57%。

（十）皮埃蒙特牛

1. 产地与分布

皮埃蒙特牛是脊髓动物门哺乳纲动物。该类动物原产于意大利，为肉乳兼用型品种。皮埃蒙特牛因其具有双肌肉基因，是国际公认的终端父本，已被世界 20 多个国家引进，用于杂交改良。我国 10 余个省、市推广应用。

2. 外貌特征

皮埃蒙特牛被毛白晕色，其犊牛为乳黄色，公牛在性成熟时颈部、眼圈和四肢下部为黑色。母牛为全白，有的个别眼圈、耳郭四周为黑色。角形为平出微前弯，角尖黑色。体型较大，体躯呈圆筒状，肌肉高度发达。成年公、母体高分别为 143cm、130cm，犊牛初生重公牛犊 41. 3kg，母牛犊 38. 7kg。

3. 生产性能

该品种牛肉用性能好，早期增重快，0~4 月龄日增重为 1. 3~1. 5kg，饲料利用率高，成本低，肉质好。周岁公牛体重 400~430kg，12~15 月龄体重达 400~500kg，每增重 1kg 体重消耗精料 3. 1~3. 5kg。南斯拉夫测定，该品种牛屠宰率达 72. 8%，净肉率 66. 2%，瘦肉率 84. 1%，骨肉比 1 : 7. 35。成年公牛体高 140cm，体重 800kg；成年母牛体高 130cm，体重 500kg。280d 泌乳量为 2 000~3 000kg。

（十一）蒙贝利亚牛

1. 产地与分布

蒙贝利亚牛属乳肉兼用品种，原产于法国东部的道布斯（Doubs）县。

2. 外貌特征

被毛多为黄白花或淡红白花，头、胸、腹下、四肢及尾帚为白色，皮肤、鼻镜、眼睑为粉红色。具兼用体型，乳房发达，乳静脉明显。成年公牛体重为1 100~1 200kg，母牛为700~800kg，第一胎泌乳牛（41 319头）平均体高142cm，胸宽44cm，胸深72cm，尻宽51cm。

3. 生产性能

法国1994年蒙贝利亚牛平均产奶量为6 770kg，乳脂率3.85%，乳蛋白率3.38%；新疆呼图壁种牛场引入蒙贝利亚牛平均产奶量为6 668kg，乳脂率3.74%。18月龄公牛胴体重达365kg。蒙贝利亚牛有较强的适应性和抗病力，耐粗饲，适宜于山区放牧，具有良好的产奶性能，较高的乳脂率和乳蛋白率，以及较为突出的肉用性能。已出口到40多个国家。

（十二）短角牛

1. 产地与分布

短角牛是著名的乳肉兼用品种，原产于英国英格兰东北地区，它是在18世纪，用当地的提兹河牛、达勒姆牛与荷兰中等品种杂交育成的。因该品种牛是由当地土种长角牛经改良而来，角较短小，故取其相对的名称而称为短角牛。

2. 外貌特征

被毛卷曲，多数呈紫红色，红白花其次，沙毛较少，个别全白。大部分都有角，角型外伸稍向内弯、大小不一，母牛较细，公牛头短而宽，颈短粗厚。胸宽而深，垂皮发达。乳房发育适度，乳头分布较均匀，偏向乳肉兼用型，性情温顺。兼用种成年公牛体重约1 000kg，母牛600~750kg。

3. 生产性能

年产乳3 000~4 000kg，乳脂率3.9%左右。广布世界各国。肉用种体重较大，泌乳量较低，肉质肥美，屠宰率可达65%~72%。

三、培育品种介绍

（一）三河牛

1. 产地与分布

三河牛分布于内蒙古额尔古纳市三河地区及呼伦贝尔市境内。三河牛是中国培育的第一个乳肉兼用品种。

2. 外貌特征

三河牛体格高大结实，姿势端正，四肢强健，乳房大小中等，毛色为红（黄）白花，花片分明，头白色，额部有白斑，四肢膝关节下部、腹部下方及尾尖为白色。成年公牛体重 700~1 100kg，体高 152.4cm；母牛体重 579kg，体高 137cm。

3. 生产性能

三河牛适应性强、耐粗饲、耐高寒、抗病力强、宜牧、乳脂率高、遗传性能稳定。屠宰率 55%左右；305d 平均产奶量 5 105kg，乳脂率 4.1%。

（二）中国草原红牛

1. 产地与分布

中国草原红牛分布于吉林省、内蒙古和河北省份的部分地区。草原红牛是以乳肉兼用的短角公牛与蒙古母牛长期杂交育成的。1985 年经国家验收，正式命名为中国草原红牛。

2. 外貌特征

草原红牛被毛为紫红色或红色，部分牛的腹下或乳房有小片白斑。体格中等，头较轻，大多数有角，角多伸向前外方，呈倒八字形，略向内弯曲。颈肩结合良好，胸宽深，背腰平直，四肢端正，蹄质结实。乳房发育较好。成年公牛体重 850~1 000kg，体高 140~155cm；母牛为 485kg。

3. 生产性能

草原红牛适应性强，耐粗饲；夏季完全依靠草原放牧饲养；冬季不补饲，仅依靠采食枯草，即可维持生存；在没有棚舍、露天敞圈的饲养管理条件下，对风雪严寒、烈日酷暑，均无畏缩不安的表现。由于抗病力较强，该种牛可常年放牧饲养，发病率较低。

屠宰率为 50.8%，净肉率为 41.0%。经短期育肥的牛，屠宰率可达 58.2%，净肉率达 49.5%。在放牧加补饲的条件下，平均产奶量为 1 400~2 000kg，乳脂率 4.0%。草原红牛繁殖性能良好，性成熟年龄为 14~16 月龄，初情期多在 18 月龄。在放牧条件下，繁殖成活率为 68.5%~84.7%。

（三）新疆褐牛

1. 产地与分布

新疆褐牛主产于新疆伊犁和塔城地区，1983 年通过鉴定，批准为乳肉兼用新品种。

2. 外貌特征

体躯健壮，头清秀，角中等大小、向侧前上方弯曲，呈半椭圆形。被毛为深浅不一的褐色，额顶、角基、口轮周围及背线为灰白色或黄白色，眼睑、鼻镜、尾帚、蹄呈深褐色。成年公牛体重为970kg，体高152.6cm；母牛为513kg，体高127.1cm。

3. 生产性能

该牛适应性好，抗病力强，在草场放牧可耐受严寒和酷暑环境。屠宰率50%以上；平均产奶量2 100~3 500kg，乳脂率4.1%。

（四）云岭牛

云岭牛属专门化肉牛培育品种，由云南省草地动物科学研究院、云南农业大学、云南省家畜改良工作站、云南省种畜繁育推广中心、德宏州畜牧站、普洱市畜牧兽医局、楚雄州畜牧兽医局、曲靖市畜牧兽医局等共同培育，2014年通过国家畜禽遗传资源委员会审定。云岭牛主要分布在云南省昆明、楚雄、大理、德宏、普洱、保山、曲靖等地，具有耐热抗蜱、耐粗饲、繁殖性能好、产肉性能高、肉品质好等特性，适应热带亚热带气候环境。

1. 育种素材

云岭牛是在利用云南黄牛、莫瑞灰牛和婆罗门牛3个品种杂交的基础上育成的。在云岭牛的培育中，以云南黄牛为杂交的母本，1984年从澳大利亚引进的莫累灰牛为杂交的第一父本，婆罗门牛为杂交的终端父本，最终育成了含婆罗门牛血液50%、莫累灰牛血液25%、云南黄牛血液25%的专门化肉牛新品种，2014年12月通过国家新品种审定登记为云岭牛。

2. 培育过程

云岭牛新品种的培育工作从1983年开始，目的是从根本上解决云南乃至中国南方肉牛业发展的瓶颈，改变云南黄牛体型较小、生长速度慢、个体产品率低等缺陷，利用莫累灰牛和婆罗门牛产肉性能好、耐热抗蜱易饲养管理等优良特性，融合云南黄牛、莫累灰牛和婆罗门牛3个品种资源，通过杂交创新、开放式育种、横交选育和自群繁育，最后形成体型外貌特征一致、遗传性能稳定的群体。

3. 体型外貌

（1）外貌特征。

云岭牛体型中等，被毛以黄红、黑为主；各部结合良好，细致紧凑。头稍小，多数无角，耳稍大，眼明有神；颈细长；公牛胸部、腹部垂皮较为发达，肩峰明显，背腰长，胸宽深，后躯肌肉丰满；公牛脐垂尤为发达；母牛胸垂较云南黄牛发达，乳房匀称、乳静脉明显，乳头大小适中，被毛细致。四肢较长，蹄质坚实，尾细长。

（2）体重和体尺。

云岭牛公犊牛初生重（30.24±2.78）kg，母犊牛初生重（28.75±3.17）kg；成年公牛体重（813.08±112.30）kg，成年母牛体重（517.40±60.81）kg。

4. 生产性能

（1）产肉性能。

云岭牛生长速度快、产肉性能好。在维持需要1.7倍的条件下，12~24月龄平均日增重公牛为（1 060±190）g/d、母牛为（900±88）g/d；在架子牛强度育肥条件下，平均日增重可达1 500g/d以上。24月龄公、母牛屠宰率分别为59.56%和59.28%，净肉率为49.62%和48.62%，眼肌面积为（85.2±7.5）cm^2和（70.4±8.2）cm^2；优质切块率39.4%。牛肉口感好、多汁、风味好。

（2）繁殖性能。

云岭牛具有性成熟早的特点，母牛初情期8~10月龄，12月龄或体重在250kg以上便可配种，发情周期为17~23d，发情持续时间为12~27h，妊娠期为282d，难产率0.86%。14月龄母牛的妊娠率为90%~95%；全放牧条件下繁殖率>85%，犊牛成活率>97%。公牛18月龄或体重在300kg以上可配种或采精。用云岭牛改良云南本地黄牛的杂交后代初生重提高15.24%，断奶重提高220.75%。通过中试和推广，生产云岭牛杂交牛30余万头。

5. 推广利用情况

根据广东、广西、贵州及海南等南方省（区）引种、改良本地黄牛的反馈，云岭牛与西本杂、本地黄牛杂交，其后代体型较大、生长发育较快，适应性强，具有较好的改良效果。精子解冻复苏率50%以上，精子畸形率为12.0%~16.8%。云岭牛是生长快、育肥性能好、屠宰率高、肉质优的肉牛新品种；具有性成熟早、母性极强、繁殖成活率高、耐粗饲、耐热抗蜱、抗寄生虫能力强等优点，适宜于我国南方热区全放牧、放牧加补饲、全舍饲等多种饲养形式。云岭牛与西本杂、本地黄牛杂交效果显著，社会响应良好，其生产性能和适应性符合我国南方肉牛业的发展和市场需要。

（五）华西牛

华西牛是中国农业科学院北京畜牧兽医研究所经过40余年持续选育而成的专门化肉牛新品种，2021年底通过国家品种审定委员会审定。华西牛是以肉用西门塔尔牛为父本，乌拉盖地区（西门塔尔牛×三河牛）与（西门塔尔牛×夏洛来×蒙古牛）组合的杂交后代为母本，经过40余年持续选育而成的专门化肉牛新品种。

1. 品种特征

华西牛躯体被毛多为棕红色或黄色，有少量白色花片，头部白色或带红黄眼圈，四肢蹄、尾梢、腹部均为白色，多有角。公牛颈部隆起，颈胸垂皮明显，背腰平直，肋部圆、深广，背宽肉厚，肌肉发达，后臀肌肉发达丰满，体躯呈圆筒状。母牛体型结构匀称，乳房发育良好，性情温顺，母性好。

2. 生产性能

华西牛具有生长速度快、屠宰率、净肉率高、繁殖性能好、抗逆性强等特点。华西牛成年公牛体重（936.39±114.36）kg，成年母牛体重（574.98±37.19）kg。20~24月龄宰前活重平均为（690.80±64.94）kg，胴体重为（430.84±40.42）kg，屠宰率（62.39±1.67）%，净肉率（53.95±1.46）%。12~18月龄育肥牛平均日增重为（1.36±0.08）kg/d，最高可达1.86kg/d，12~13肋间眼肌面积为（92.62±8.10）cm^2。

3. 推广应用情况

根据华西牛的分布特点，在河南、湖北等农区，采取舍饲的饲养模式；内蒙古乌拉盖等牧区，采取放牧+补饲的模式。因此，在湖北、云南、吉林和河南等舍饲条件下，实施早期断奶技术提高华西牛的连产率；在内蒙古乌拉盖等放牧条件下，实施补饲技术保证华西牛冬季的营养需要。华西牛适应性广泛，目前已在内蒙古、吉林、河南、湖北、云南和新疆等省（区）试推广。

（六）辽育白牛

1. 产地与分布

辽育白牛是以夏洛来牛为父本，以辽宁本地肉牛为母本级进杂交后，在第4代的杂交群中选择优秀个体进行横交和有计划选育，采用开放式育种体系，坚持档案组群，形成了含夏洛来牛血统93.75%、本地肉牛血统6.25%遗传组成的稳定群体，该群体抗逆性强，适应当地饲养条件，是经国家畜禽遗传资源委员会审定通过的肉牛新品种。

2. 外貌特征

辽育白牛全身被毛呈白色或草白色，鼻镜肉色，蹄角多为蜡色；体型大，体质结实，肌肉丰满，体躯呈长方形；头宽且稍短，额阔唇宽，耳中等偏大，大多有角，少数无角；颈粗短，母牛平直，公牛颈部隆起，无肩峰，母牛颈部和胸部多有垂皮，公牛垂皮发达；胸深宽，肋圆，背腰宽厚、平直，尻部宽长，臀端宽齐，后腿部肌肉丰满；四肢粗壮，长短适中，蹄质结实；尾中等长度；母牛乳房发育良好。

3. 生产性能

辽育白牛毛色一致，体质健壮，性情温驯，好管理，宜使役；适应性广，耐粗饲，抗逆性强，抗寒能力尤其突出，可抵抗-30℃左右的低温环境，易饲养；增重快，6月龄断奶后，持续育肥的平均日增重可达1 300g/d，300kg以上的架子牛育肥的平均日增重可达1 500g/d，宜育肥；肉质较细嫩，肌间脂肪含量适中，优质肉和高档肉切块率高；早熟性和繁殖力良好；群体遗传稳定。

辽育白牛母牛初配年龄为14~18月龄、产后发情时间为45~60d；公牛适宜初采年龄为16~18月龄；人工授精情期受胎率为70%，适繁母牛的繁殖成活率达84.1%以上。

（七）夏南牛

该品种于2007年11月15日通过了国家畜禽品种遗传资源委员会的审定。夏南牛由河南省畜禽改良站和驻马店市泌阳县畜牧局共同培育，是以法国夏洛来牛为父本，以南阳牛为母本，历经21年，经精心选育、自群繁育而培育成的肉牛新品种。品种特点：弥补了南阳牛生长发育慢和产肉率低的缺陷，实现了肉质好、产肉率高、生长发育快的肉牛新品种的发展设想；与从国外引进的肉牛品种相比，由于其具有本地血统，因此适应性更强。

（八）延黄牛

该品种已于2008年1月14日通过了国家畜禽品种遗传资源委员会的审定，并已由农业部（现“农业农村部”）向社会发布公告。延黄牛是以延边黄牛品种资源为遗传基础，通过导入1/4利木赞牛血液，经过27年培育形成的。延黄牛由吉林延边培育。

第二节　肉牛品种选择及杂交改良

一、合理选择肉牛养殖品种

目前，在我国参与肉牛生产的多为我国品种牛以及引进品种的改良牛，尚无大群引进的肉用品种牛的生产。在肉牛养殖生产中，应根据资源、市场和经济效益等自身具体条件和要求选择养殖品种。

（一）按市场要求选择

（1）市场需要含脂肪少的牛肉时，可选择皮埃蒙特、夏洛来、比利时蓝白花、荷斯坦牛的公犊等引进品种的改良牛，改良代数越高，其生产性状越接近引进品种，但需要的饲养管理条件也得相应地与该品种一致才能发挥该杂种牛的最优性状。如上述几个品种基本上均是农区圈养育成的，如改用放牧饲养于牧草贫乏的山区、牧区则效果不好。这类牛以长肌肉为主，日粮中蛋白质需求则要高一些，否则难以获得高日增重。

（2）需要含脂肪高的牛肉时（牛肉中脂肪含量与牛肉的香味、嫩滑、多汁性均呈正相关）可选择处于我国良种黄牛前列的晋南牛、秦川牛、南阳牛和鲁西牛，以及引进品种安格斯、海福特和短角牛的改良牛。但要注意，引进品种中除海福特以外，均不耐粗饲。我国优良品种黄牛较为耐粗饲。这类牛在日粮能量高时即可获得含脂高的胴体。

（3）要生产大理石状明显的“雪花”牛肉时，则选择我国良种黄牛，以及引进品种安格斯、利木赞、西门塔尔和短角牛等改良牛。引进品种以西门塔尔牛耐粗饲，这类牛在高营养水平下育肥获得高日增重的条件下易形成五花肉。

（4）生产犊白肉（犊牛肉）可选择乳牛养殖业淘汰的公牛犊，可得到低成本高效益。其次选择一些夏洛来、利木赞、西门塔尔、皮埃蒙特等改良公犊。

（二）按经济效益选择

1. 以销定产

生产“雪花牛肉”，市场较广，是肥牛火锅、铁板牛肉、西餐牛排等优先选用。但成本较高，应按市场需求，以销定产，最好建立或纳入已有供销体系。

2. 杂种优势的利用

目前可选择具有杂种优势的改良牛饲养，可利用具杂种优势的牛生长发育快，抗病力强，适应性好的特点来降低成本，将来有条件时建立优良多元杂交体系、轮回体系，进一步提高优势率，并按市场需求，利用不同杂交系改善牛肉质量，达到最高经济效益。

3. 性别特点利用

公牛生长发育快，在日粮丰富时可获得高日增重、高瘦肉率，生产瘦牛肉时的优选性别。生产高脂肪与五花牛肉时则以母牛为宜，但较公牛多耗 10%

以上精料。阉牛的特性处于公、母之间。

4. 老牛利用

健康的10岁以上老牛采取高营养水平育肥2~3个月也可获丰厚的效益，但千万别采用低日增重和延长育肥期，否则牛肉质量差，且饲草消耗和人工费用增加。

（三）按资源条件选择

（1）山区与远离农区的牧区，应以饲养西门塔尔、安格斯、海福特等改良牛为主，为农区及城市郊区提供架子牛作为收入。

（2）农区土地较贫瘠，人占耕地面积大，离城市远的地方，可利用草田轮作饲养西门塔尔等品种改良牛，为产粮区提供架子牛及产奶量高的母牛来取得最大经济效益。

（3）农区特别是酿酒业与淀粉业发达地区则宜于购进架子牛进行专业育肥，可取得最大效益，因为利用酒糟、粉渣等可大幅度降低成本。

（4）乳牛业发达的地区。则以生产白肉为有利，因为有大量奶公犊，并且可利用异常奶、乳品加工副产品搭配日粮，可降低成本。

（四）按气候条件选择

牛是喜凉怕热的家畜，气温过高（30℃以上），往往是影响育肥效果的限制因素，若没有条件防暑降温，则应选择耐热品种，例如圣格鲁迪、皮尔蒙特、抗旱王、婆罗福特、婆罗格斯、婆罗门等牛的改良牛为佳。

二、正确利用杂交优势改良品种

不同品种间杂交，杂交后代生产性能超过双亲平均值的现象，称为杂种优势。通过2个或2个以上不同品种的公母牛交配，将杂种后代用于生产中，能提高育肥的经济效益。其好处表现为：①杂交改良牛种生长速度快，饲料转化率高，可提高20%左右；②屠宰率可提高3%~8%，多产牛肉10%左右。③杂种牛体重大，能达到外贸出口标准，牛肉品质好，能提高经济效益。

杂交是肉牛生产不可缺少的手段，采取不同品种牛进行品种间杂交，不仅可以相互补充不足，也可以产生较大的杂种优势，进一步提高肉牛生产力。经济杂交是采用不同品种的公母牛进行交配，以生产性能低的母牛或生产性能高的母牛与优良公牛交配来提高子代经济性能，其目的是利用杂种优势。经济杂交可分为二元杂交和多元杂交。

（一）二元杂交

二元杂交是指两个品种间只进行 1 次杂交，所产生的后代不论公母牛都用于商品生产，也称简单经济杂交。在选择杂交组合方面比较简单，只测定 1 次杂交组合配合力。但是没有利用杂种一代母牛繁殖性能方面的优势，在肉牛生产早期不宜应用，以免由于淘汰大量母牛从而影响肉牛生产，在肉牛养殖头数饱和之后可用此法。

（二）三元杂交

多元杂交是指 3 个或 3 个以上品种间进行的杂交，是复杂的经济杂交。即用甲品种牛与乙品种牛交配，所生杂种一代公牛用于商品生产，杂种一代母牛再与丙品种公牛交配，所生杂种二代父母用于商品生产，或母牛再与其他品种公牛交配。其优点在于杂种母牛留种，有利于杂种母牛繁殖性能优势得以发挥，犊牛是杂种，也具有杂种优势。其缺点是所需公牛品种较多，需要测试杂交组合多，必须保证公牛与母牛没有血缘关系，才能得到最大优势。

（三）轮回杂交

轮回杂交是指用两个或更多种进行轮番杂交，杂种母牛继续繁殖，杂种公牛用于商品肉牛生产。是目前肉牛生产中值得提倡的一种方式。

轮回杂交分为二元轮回杂交和多元轮回杂交。其优点是除第一次外，母牛始终是杂种，有利于繁殖性能的杂种优势发挥，犊牛每一代都有一定的杂种优势，并且杂交的两个或两个以上的母牛群易于随人类的需要动态提高，达到理想时可由该群母牛自繁形成新品种。本法缺点是形成完善的两品种轮回则需要 20 年以上的时间。

三、地方良种黄牛杂交利用注意事项

通过十几年黄牛改良实践来看，用夏洛来、西门塔尔、利木赞、海福特、安格斯、皮埃蒙特牛与本地黄牛进行两品种杂交、多元杂交和级进杂交等，其杂种后代的肉用性能都得到显著的改善。改良初期都获得良好效果，后来认为以夏洛来牛、西门塔尔牛作改良父本牛，并以多元杂交方式进行本地黄牛改良效果更好。如果不断采用一个品种公牛进行级进杂交，3~4 代以后会失掉良种黄牛的优良特性。因此，黄牛改良方案选择和杂交组合的确定，一定要根据本地黄牛、引入品种牛的特性以及生产目的确定，以杂交配合力测定为依据确定杂交组合。为此，在地方良种黄牛经济杂交中应注意以下几点。

（一）良种黄牛保种

我国黄牛品种多，分布区域广，对当地自然条件具有良好适应性、抗病力、耐粗饲等优点，其中地方良种黄牛，如晋南牛、秦川牛、南阳牛、鲁西牛、延边牛、渤海牛等具有易育肥形成大理石状花纹肉、肉质鲜嫩而鲜美的优点，这些优点已超过这些指标最好的欧洲各种安格斯牛，这些都是良好的基因库，是形成优秀肉牛品种的基础，必须进行保种。这些品种还应进行严格的本品种选育，加快纠正生长较慢的缺点，成为世界级的优良品种。

（二）选择改良父本

父本牛的选择非常重要，其优劣直接影响改良后代肉用生产性能。应选择生长发育快、饲料利用率高、胴体品质好、与本地母牛杂交优势大的品种；应选择适合本地生态条件的品种。

（三）避免近亲

防止近亲交配，避免退化，严格执行改良方案，以免非理想因子增加。

（四）加强改良后代培育

杂交改良牛的杂种优势表现仍取决于遗传基础和环境效应，其培育情况直接影响肉牛生产，应对杂交改良牛进行科学的饲养管理，使其改良的获得性得以充分发挥。

（五）黄牛改良的社会性

由于牛的繁殖能力非常低，世代间隔非常长，所以黄牛改良进展极慢，必须多地区协作，经几代人努力才能完成。

第三节　肉牛繁育技术

一、母牛的发情与发情鉴定

（一）性成熟

性成熟即指幼畜达到开始有繁殖能力的这一发育阶段。牛的性成熟期依品种、性别、营养、气候和管理情况而定。一般小型牛较大型牛早。性成熟的开始时期，即使在同群牛中也有很大的差异。在同样的饲养管理条件下，早熟品种、培育品种比原始品种成熟得早。一般母牛的性成熟通常比公牛开始得稍早一些。温暖气候及良好的饲养管理可加速性成熟期的到达。

黄牛品种的第一次发情年龄因地区和气候条件的不同有很大的差异，气候温暖的南方比寒冷的北方初情期早，一般在 8~15 月龄。小型乳用品种达到初情期的年龄较大型牛为早，荷斯坦牛为 11 月龄左右，娟姗牛为 8 月龄左右。性成熟的到来，远在动物机体的生长和全身发育结束之前。因此，当达到性成熟时，还不能利用其进行繁殖，以免影响动物的正常发育及生产性能的发挥。

（二）初配月龄

当公母牛骨骼、肌肉和四肢各器官已基本发育完成，而且具备了成年固有的形态和结构时，才宜于配种。

我国黄牛的初配年龄，一般为 2 岁左右；水牛在 2.5~3 岁；饲养条件好和早熟品种牛为 14~16 月龄、饲养条件差及晚熟品种牛为 18~24 月龄。荷斯坦牛一般在 18 月龄左右初配。一般来说，小母牛的初配年龄，可视其活重而定，普遍认为当活重达到成年期的 70%时，开始配种较为适宜。

（三）母牛的发情鉴定

1. 直肠检查法

直肠检查法是判断是否妊娠和妊娠时间的最常用而可靠的方法，用同样的方法检查卵泡的发育可鉴定母牛。其诊断依据是妊娠后母牛生殖器官的一些变化。在诊断时，对这些变化要随妊娠时期的不同而有所侧重；如妊娠初期，主要是子宫角的形态和质地变化；30d 以后以胚胎的大小为主；中后期则以卵巢、子宫的位置变化和子宫动脉特异搏动为主。在具体操作中，探摸子宫颈、子宫和卵巢的方法与发情鉴定相同。

将手臂插入直肠，先掏出直肠内的宿粪，而后手掌张开，掌心向下，用力按下且左右抚摸，在骨盆底的正中感到前后长而稍扁的棒状物即为子宫，前端为子宫颈，顺序摸下去为子宫体和两个子宫角，试用拇指、中指及其他手指将其握在手里，感受其粗细、长短和软硬。然后沿子宫角的大弯向下向侧面探摸，可以感到有扁圆、柔软而有弹性的肉质，即为卵巢。找到卵巢后，可用食指和中指夹住卵巢系膜，然后用拇指触摸卵巢的大小、形状、质地和其表面卵泡的发育情况。

通过直肠触摸卵巢上卵泡发育情况，以此来判定母牛的发情阶段，并确定输精时间，是目前生产中最常用，也是最可靠的一种母牛发情鉴定方法。

2. 外部行为观察法

发情母牛一般都有明显的外部行为表现，具体表现如下。

（1）行为变化。

敏感躁动，有人或其他牛靠近时，回首眸视；寻找其他发情母牛，活动量、步行数大于常牛 5 倍以上；嗅闻其他母牛外阴，下巴依托他牛臀部并摩擦；压捏腰背部下陷，尾根高抬；有的食欲减退；爬跨他牛或“静立”接受他牛爬跨，后者是重要的发情鉴定征候。

（2）身体变化。

外阴潮湿，阴道黏膜红润，阴户肿胀。外阴有透明、线状黏液流出，俗称“吊线”，或粘污于外阴周围，黏液有强的拉丝性。臀部、尾根有接受爬跨造成的小伤痕或秃毛斑。发情强烈的母牛，体温较平时升高 0.7~1.0℃。有时体表潮湿，有蒸腾状；60%左右的发情母牛可见阴道出血，这大约在发情后 2d 出现。这个征候可帮助确定漏配的发情牛。

（3）尾根喷漆法。

在牧场的实际观测中，将所有符合配种条件的牛每天进行尾根上部喷漆或专用蜡笔涂抹，尽可能记录发情牛的第一次稳爬时间，同时也要知道发情结束时间以及发情持续时间等，这有利于输精时间的准确推算和适时配种。

（四）发情周期

母牛从性成熟以后至年老性机能衰退以前，在没有妊娠时，进行着周期性的发情。从一个发情期开始到下一个发情期开始的间隔时间称之发情周期。母牛的发情周期平均为 21d，范围在 18~24d。

（五）发情持续期

从母牛发情开始到发情结束的这一段时间为发情持续期。在发情持续期中，母牛一直表现：食欲减退，精神兴奋，尾根举起，接受其他牛爬跨或爬跨其他牛。另外，外阴红肿，从阴门流出透明黏液，阴道和子宫颈黏膜红而有光泽，黏液分泌增多，子宫颈口开张。

发情持续期也因年龄、营养情况等有所不同，一般母牛发情持续期平均为 18h，范围为 6~36h。而排卵时间则在发情结束后 10~12h。

（六）同期发情

1. 同期发情的意义

在自然条件下，任何一群母畜的个体，处于发情周期的不同阶段。同期发情技术就是应用某些激素制剂，打乱它们自然发情的周期规律，人为地造成发情周期的同期化，使之在预定的时间内集中发情，以便有计划地组织配种。其好处有：便于人工授精，节约劳力与时间；使一头优良种公畜给母畜配种，让更多的母畜同时受孕；便于商品家畜的成批生产，因产仔时间整齐，规格较一致，对于畜牧业工厂化生产有很大的实用价值。

同期发情是诱导发情演化而来的一项新技术，20 世纪 60 年代以来，逐渐应用到畜牧业生产中，国外主要应用于肉牛业方面。近年来，我国随着冷冻精液的技术和肉牛业的发展，也有不少单位开展了这项新技术的研究，并取得了一定的效果。

2. 同期发情的机理

母畜的发情周期大体可分卵泡期和黄体期两个阶段。在发情周期中，卵泡期是卵巢中卵泡迅速生长发育、成熟，最后导致排卵的时期，此期血液中孕酮水平显著降低，而黄体期恰与此期相反。黄体期内黄体分泌孕酮，提高了血液中孕酮的水平，在孕酮的作用下，卵泡的发育成熟受到抑制，家畜在表现发情而未受精的情况下，黄体维持一定的时间（一般是十数日）之后即行退化，随后出现另一个卵泡期。

由此看来，相对高的孕激素水平，可抑制发情，一旦孕激素的水平降低到很低，那么卵泡便迅速生长和发育。如能使一群母畜同时发生这种变化，就能引起它们同时发情，具体说就是对一群母畜施用某种激素，抑制其卵泡的生长发育和发情，处于人为的黄体期，经过一定的时期后停药，使卵巢机能恢复正常，便能引起同时发情。相反，利用性质完全不同的另一类激素，以促使黄体的消退，中断黄体期，降低孕酮水平，从而促进垂体促性腺激素的释放，引起发情。前者处理的办法实际上是抑制发情，延长发情周期；后者的处理办法实际上就是促进发情，缩短了发情周期，使发情提前到来。这两种方法虽然所用的激素性质不相同，但它们有一个共同点，即处理的结局，都是使动物体内孕激素水平（内源的或外源的）迅速下降，故都能达到发情还必须同期化的目的，收到的效果是同样的。

二、母牛的人工授精技术

肉牛人工授精具有很多优点，不但能高度发挥优良种公牛的利用率，节约大量购买种公牛的投资，减少饲养管理费用，提高养牛效益，还能克服个别母牛生殖器官异常而本交无法受孕的缺点，防止母牛生殖器官疾病和接触性传染病的传播，有利于选种选配，更有利于优良品种的推广，迅速改变养牛业低产的面貌。

（一）受精母牛的保定

人工授精操作的第一步是对配种母牛的保定。

1. 牛的简易保定

（1）徒手保定法。用一手抓住牛角，然后拉提鼻绳、鼻环或用一手的拇指与食指、中指捏住牛的鼻中隔加以固定。

（2）牛鼻钳保定法。将牛鼻钳的两钳嘴抵入两鼻孔，并迅速夹紧鼻中隔，用一手或双手握持，也可用绳系紧钳柄固定。

对牛的两后肢，通常可用绳在飞节上方绑在一起。

2. 肢蹄的保定

（1）两后肢保定。

输精前，为了防止牛的骚动和不安，将两后肢固定。方法是选择柔软的线绳在跗关节上方做“8”形缠绕或用绳套固定，此法广泛应用于挤奶和临床。

（2）牛前肢的提举和固定。

将牛牵到柱栏内，用绳在牛系部固定，绳的另一端自前柱由外向内绕过保定架的横梁，向前下兜住牛的掌部，收紧绳索，把前肢拉到前柱的外侧。再将绳的游离端绕过牛的掌部，与立柱一起缠两圈，则被提起的前肢牢固地固定于前柱上。

（3）后肢的提举和固定。

将牛牵入柱栏内，绳的一端绑在牛的后肢系部，绳的游离端从后肢的外侧面，由外向内绕过横梁，再从后柱外侧兜住后肢蹄部，用力收紧绳索，使蹄背侧面靠近后柱，在蹄部与后柱多缠几圈，把后肢固定在后柱上。待母牛保定好以后，即可开始输精。

（二）冻精的解冻技术和解冻方法

1. 颗粒冻精的解冻技术和解冻方法

（1）解冻液的配制。

目前使用的解冻液大多为2.9%的柠檬酸钠溶液，大部分人工授精站都是统一从省、市育种站购买，也有少部分地区自制生产，不论是购买或自己配制，都必须严格遵守生产过程中的操作规程。统一配方并设定准确有关参数（pH值、渗透压）。现将配方及配制方法介绍如下。

准确称取柠檬酸钠2.9g，放入玻璃量筒内加蒸馏水至100mL刻度，混合均匀，测定pH值为7.33，渗透压290.3，经定量滤纸过滤，分装于安瓿内，每只安瓿内净容量为1.5mL，用酒精灯火焰封口，然后置于高压消毒锅内消毒灭菌（消毒时间为20~40min，蒸气温度为121~126℃），保存在阴凉干燥处待用，有效期为6个月。安瓿解冻液的优点是便于保管，卫生，能减少外界环境污染，取用方便。据了解，有的单位使用的解冻液是自行配制后盛装于三角烧瓶中保存备用，这种方法保存的时间短，接触外界污染机会多，取用不便，而且质量很难保证。建议各地使用安瓿法解冻液，以保证冻精解冻后的质量。

（2）解冻温度。

冷冻精液的解冻温度分为快速解冻（40℃），室温解冻（15～20℃），冷水（4～5℃）缓慢解冻3种方法。目前世界上大部分地区都采用35～40℃这个温度范围解冻，实践证明，采用40℃快速解冻，精子复苏率较高，且活力较强。

（3）解冻技术操作。

解冻过程中必须严格各个环节的操作过程，注意以下事项：冻精离开液氮面与放入解冻液中时一定要快取快放，尽量缩短空间停留时间；颗粒冻精上不得黏附冻霜，如有应稍加振动，使其脱落后再行解冻；解冻过程的各个环节，必须严格控制环境污染；夹取颗粒冻精的金属镊子要经预冷后再夹取冻精，以防止颗粒冻精黏附在镊子上难以脱落。

解冻具体操作步骤为：首先将恒温容器（电热恒温水浴锅或广口保温杯）内的水温调至（40±2）℃，将装有解冻液的安瓿放入温水内，等其温度与恒温水大约相等时，即将安瓿拿出，用消毒纱布抹去安瓿周围的水分，再用安瓿开口器或金属镊子将安瓿尖端开口，口径大小以能放入一颗冻精为宜，然后夹取一颗冻精温度均匀上升，游动安瓿时必须特别小心，绝对不能将恒温水振入安瓿内，观察颗粒溶解至80%～90%时，即可将其拿出水面，再次用消毒纱布擦去安瓿周围的水分，并略加摇动，使精液完全溶解，混合均匀，然后在20℃左右温度的显微镜下检查精子活力情况，如有效精子（呈直线前进运动的精子）的活力在0.3级以上，即可用于输精。

值得提醒注意的是：每支解冻液限解冻一粒冻精，如超过一粒时，应分别解冻，绝对不能同一支解冻液中同时放入两粒冻精，镜检精子质量时，玻片上的精液要厚薄均匀，观察精子活力时，不能根据一开始看到的精子的运动情况而判定精子的活力等级，因为往往初看时活动的精子不多，但略过一段时间后，又有一部分精子会复苏而活动起来，其原因是精子的复苏需要一定的时间。镜检时要多看几个视野，并调节上下焦距，因为盖玻片或载玻片之间有一定的厚度，死精子往往漂浮在上层，如果只看上层，死精子就多，而只看到中层，判定活力等级时就会偏高，因此要综合平衡各个视野，防止误判，取得较为准确的活力等级。

2. 细管冻精的解冻技术和解冻方法

在使用细管精液过程中，首先必须按照冷冻精液的规程操作，虽然细管冻精不易受外界环境污染，但标准化、规范化的技术操作也是确保受胎率、避免生殖系统感染病菌的重要措施。具体操作步骤如下。

（1）检查细管体。

细管冻精从液氮中取出后，首先检查细管体是否有裂纹和封口不严的现象，如发现有裂纹者，该支细管冻精应弃之不用，如属封口不严，则解冻时可封口不严的一端朝上放入40℃左右的恒温水中进行解冻，尽量避免因解冻方法不当而导致解冻后精子活力不强乃至死亡的人为因素。

（2）解冻。

首先准备40℃左右的恒温水，恒温容器的准备与颗粒冻精解冻法介绍的相同，细管冻精从液氮中取出后，手拿细管上端（封装精液后封口），立即放入恒温37.5℃的温水浴锅中，经10s后即可解冻完毕。目前全国各地较为普遍使用此种解冻方法的解冻效果好且受胎率高。

解冻后的精液如需异地输精，且间隔时间在2h以上的情况下，其解冻后的精液一定要放在保温杯中方能保存运输。其操作方法是：将解冻后的精液用脱脂棉或卫生纸包好放入塑料袋内置入保温杯中，盖好杯盖即可。

（3）细管剪口。

冻精解冻后，一定要用消毒纱布抹干细管外围水分，再用细管剪口专用剪刀剪去封口一端，剪口要正，断面要平整，严禁剪口呈偏斜状，否则输精时会发生精液逆流而影响输精效果。

（4）细管精液装枪。

将细管输精枪的管嘴拧下，把推杆退到与细管长度大约相等的位置，将细管剪口的一端朝管嘴前端放入管嘴内，一手握细管，另一手握管嘴，两手同时稍用力将细管的管嘴内旋转一周，使细管剪口端与管嘴前端内壁充分吻合，以防输精时精液倒流至输精枪管嘴内，然后将细管有栓塞的一端套在推杆上，拧紧管嘴即可输精。

直肠把握法是牛人工授精最普遍采用的一种方法。经过专业指导和培训，一般可在3d时间内基本掌握这一方法的操作要领，但熟练程度和自信心的提高则需要个人更多的实践。

（三）输精

在选择对母牛进行配种的场所时，需注意确保动物和配种员的安全，使用方便应对天气变化的遮盖物。

无论操作者是左利手还是右利手，都推荐使用左手进入直肠把握生殖道，用右手操作输精枪。这是因为母牛的瘤胃位于腹腔的左侧，将生殖道轻微地推向了右侧。所以会发觉用左手要比右手更容易找到和把握生殖道。

在靠近牛准备人工授精时，操作者轻轻拍打牛的臀部或温和地呼唤牛将有助于避免牛受到惊吓。先将输精手套套在左手，并用润滑液润滑，然后用右手举起牛尾，左手缓缓按摩外门。将牛尾放于左手外侧，避免在输精过程中影响操作者的操作。并拢左手手指形成锥形，缓缓进入直肠，直至手腕位置。

用纸巾擦去阴门外的粪便。在擦的过程中不要太用力，以免将粪便带入生殖道。左手握拳，在阴门上方垂直向下压。这样可将阴门打开，输精枪头在进入阴道时不与外门壁接触，避免污染。斜向上 30°插入输精枪，避免枪头进入位于阴道下方的输尿管口和膀胱内。当输精枪进入阴道 15~20cm，将枪的后端适当抬起，然后向前推至子宫颈外口。当枪头到达子宫颈时，操作者能感觉到一种截然不同的软组织顶住输精枪。

若想获得高的繁殖率，在人工授精时要牢记以下要点：动作温和，不要过于用力。输精过程可分为两步。先将输精枪送到子宫颈口，再将子宫颈套在输精枪上。通过子宫颈后将精液释放在子宫体内。操作过程中不要着急，应放松。

子宫颈是由结缔组织和肌肉构成，是牛人工授精过程中的重要节点。通常人们形容子宫颈的大小和硬度像火鸡的脖子。但对于不同年龄和产后不同时期的牛，其子宫颈的大小有所差异。子宫颈内通常有 3~4 个折叠环。子宫颈的开口向阴道突出，与阴道内壁形成一个 360°闭合的穹窿结构，专业上称为阴道穹窿。对于绝大数牛，子宫颈位于骨盆腔靠近盆骨前缘。但对于生殖道较粗的老年牛，子宫颈可能会轻度向前坠入腹腔。要想成为一名成功的配种员，就必须自始至终明确输精枪头的位置，这一点很重要。阴道壁是由薄的肌肉层和疏松的结缔组织构成，所以操作者可以用触诊的手很容易地触摸到输精枪。当输精枪进入阴道后，操作者可以让枪与触诊的手平行前进。

直肠内的粪便往往会影响操作者对子宫颈和输精枪头的感觉。但通常不必清理所有的粪便，操作者可将手平伸贴到直肠壁上，这样粪便就可从操作者手臂上方排出。当操作者握住子宫颈时，牛通常会努责，直肠内形成收缩环。在这种情况下，可以伸出两个手指穿过环的中央，然后前后按摩直肠壁，收缩环往往会松弛下来，操作者的手臂就可以通过，继续进行触诊。

在触诊过程中，有些牛会强烈努责，由于生殖道是游离的，这种情况下往往会将生殖道挤回骨盆腔中，造成阴道褶皱。这些褶皱会阻碍输精枪的顺利前行，需要消除。如果操作者能触摸到子宫颈，可握住子宫颈向前推，这样可将阴道拉直，使输精枪顺利到达子宫颈口。如果操作者触摸不到子宫颈，可用拇指和食指握住枪头位置，摆动操作者的手腕，同时轻轻地挤压阴道壁，使输精枪通过，重复操作直到枪头到达子宫颈口。

牛的人工授精可分为两步。

第一步是将输精枪头送到子宫颈口，要完成这一点，操作者必须避开阴道内的褶皱，确保阴道和子宫颈伸直。如果操作者的输精枪没感觉到子宫颈，操作者的第一步就还未完成。

一旦输精枪接触到子宫颈的外壁，操作者就可以开始第二步操作。第二步是将子宫颈套在或穿过输精枪。注意是将子宫颈套在输精枪上，而不是用枪穿过子宫颈。在完成第二步的过程中，过多的活动输精枪效果并不好，往往会适得其反，有时枪会从子宫颈内退出又回到阴道里。

第二步是握住并摆动子宫颈，活动牛体内的那只手，而不是握输精枪的那只手。用拇指和食指从上下握住子宫颈口，将穹窿闭合，然后引导枪头进入子宫颈。

当输精枪到达子宫颈口时，往往枪头会戳到阴道穹窿。操作者可以用拇指和食指从上下握住子宫颈口，这样将穹窿闭合。此时操作者可以改用手掌或中指、无名指感觉枪头的位置，然后将枪头引入子宫颈内。

这时轻轻推动输精枪，就能感觉到输精枪向前进入子宫颈直到第二道环。轻轻顶住输精枪，将大拇指和食指向前滑到枪头的位置，再次握紧子宫颈。由于子宫颈是由厚的结缔组织和肌肉层构成，所以要想很清楚地感觉枪头的位置有点困难。但可以通过活动子宫颈判断大概的位置。摆动手腕，活动子宫颈，直到感觉到第二道环套在输精枪上。再重复上述操作，直到所有环都穿过输精枪。有些时候，操作者可能需要将子宫颈弯成90°才能通过。但操作者要切记，是活动子宫颈，将子宫颈套在输精枪上，而不是用输精枪去穿过子宫颈。

在穿过子宫颈的过程中，有时需要轻微地摆动输精枪，但绝大多数情况只需要轻轻顶住输精枪。活动输精枪时要控制好幅度，不要太大。

当所有的环都通过后，输精枪应能自由向前滑行，没有太多阻力。由于子宫壁很薄，操作者能再次清楚地感受到枪头的位置。现在，操作者只要检查枪头的位置，然后输精就行了。将操作者的手握在子宫颈上方，将食指伸直。然后向后拔出输精枪，直到操作者感觉枪头接近子宫颈内口的位置，抬起手指，然后缓慢释放精液。在推动内芯时动作尽量缓慢，这样精液将成滴直接滴在子宫体内。

正确的人工授精操作能将精液直接送到子宫体。子宫的收缩能将精子很好地分散到两侧子宫，并输送到子宫角和输卵管。如果输精枪通过子宫颈后向前超过2.5cm，精液就只能释放到一侧子宫，造成精液分布不均。如果是另一侧排卵，就会影响到受胎率。

在确定好枪头的位置后，务必将操作者的手指抬起来再进行输精。否则有可能堵住一侧子宫角，又会造成精液分布不均。在检查枪头位置时，注意不要用力过大。因为子宫内壁很容易损伤，进而引起子宫感染，降低繁殖率。

在输精时，应向前推输精枪内芯，而不是向后拉枪套。向后拉往往会造成精液释放在子宫颈和阴道内，而不是我们希望的子宫体。最好是将精液送到子宫体，如果不能确定枪头的位置，研究表明将精液输在子宫角要比释放在子宫颈对繁殖力的影响小些。但如果输精枪进入子宫颈感觉分泌物黏稠，这说明牛可能已经怀孕，这种情况下可将精液释放在子宫颈内。

如果感觉子宫颈内黏稠，可将精液释放在子宫颈内输完精后，将输精枪缓慢拉出，同时抽出触诊手，甩去多余粪便。检查枪头是否有血迹、感染或精液漏出，如有异常需分析原因或通知兽医。移除外套管，再次检查冻精细管，确认操作者选配的公牛。将手套翻转除去，排出空气后在顶端打结，扔进垃圾桶。擦干净输精枪，干燥后放入相应的容器中。应向前推枪芯，而不是向后拉输精枪。向后拉会造成精液释放在子宫颈和阴道内正确的操作程序可提高繁殖效率。在此基础上，操作者可以将精力集中在经济性状的筛选上，进而使牧场的冻精投入获得更大的回报。

采用直肠把握输精，输精枪（管）只许插到子宫颈深部（越过 3 个皱襞轮，在子宫颈的 3/4～4/5 深部），不能插到子宫角内，因为适宜输精的时机（卵巢排卵之际）已是牛发情的末尾，子宫抗病力已下降，这时污染的精液或插入子宫体、子宫角时，输精管把子宫黏膜划伤（子宫黏膜很脆弱），即便输精管消毒彻底，但进入阴道过程中难免被污染（假若阴道已有污染时，会使输精器污染更严重），进入子宫及子宫角，等于输入病菌，造成“人工授精病”。精液输到子宫颈深部或输到子宫角的受胎率并无差别，国内外的试验早已证明，精液输到子宫颈外口后 12～15min 即到达输卵管，这是由于母牛生殖道的运动与精子本身运动的综合结果。因而无须插到子宫角。精液只输到子宫颈深部，可避免输精造成子宫炎。输精并非输胚胎，输胚胎则须输到子宫角。

三、妊娠诊断技术

经配种受胎后的母牛，即进入妊娠状态。妊娠是母牛的一种特殊性生理状态。从受精卵开始到胎儿分娩的生理过程称为妊娠期。母牛的妊娠期为 240～311d，平均为 283d。妊娠期因品种、个体、年龄、季节及饲养管理水平不同而有差异。早熟品种比晚熟品种短；乳用牛短于肉用牛，黄牛短于水牛；怀母牛犊比公牛犊少 1d 左右，育成母牛比成年母牛短 1d 左右，怀双胎比单胎少

3~7d，夏季分娩比冬春季少3d左右，饲养管理好的多1~2d。在生产中，为了把握母牛是否受胎，通常采用直肠诊断和B超检查的方法。

（一）直肠诊断

直肠检查法是判断母牛是否妊娠最普遍、最准确的方法。在妊娠2个月左右可正确判断，技术熟练者在1个月左右即可判断。但由于胚泡的附植在授精后60d（45~75d），2个月以前判断的实际意义不大，还有诱发流产的副作用。

直肠检查的主要依据是子宫颈质地、位置；子宫角收缩反应、形状、对称与否、位置及子宫中动脉变化等，这些变化随妊娠进程有所侧重，但只要其中一个征状能明显地表示妊娠，则不必触诊其他部位。

直肠检查要突出轻、快、准确三大原则。其准备过程与人工授精过程相似，检查过程是先摸子宫角，最后是子宫中动脉。

妊娠30d时，子宫颈紧缩；两侧子宫角不对称，孕侧子宫角稍增粗、松软，稍有波动感，触摸时反应迟钝，不收缩或收缩微弱，空角较硬而有弹性，收缩反应明显。排卵侧卵巢体积增大，表面黄体突出。

妊娠60d时，孕角比空角增粗1~2倍，孕角波动感明显，角间沟已明显。

妊娠90d时，子宫颈前移至趾骨前缘，子宫开始沉入腹腔，孕角大如婴儿头，有时可摸到胎儿，在胎膜上可摸到蚕豆大的胎盘；孕角子宫颈动脉根部开始有微弱的震动，角间沟已摸不清楚。

妊娠120d时，子宫颈越过趾骨前缘，子宫全部沉入腹腔。只能摸到子宫的背侧及该处的子叶，子宫中动脉的脉搏可明显感觉到。

随妊娠期的延长，妊娠症状越来越明显。

（二）B超检查

1. B超的选择

要选择兽用B超，因为探头的规格和专业的兽医测量软件是非常重要的。便携，如果仪器很笨重，并且还要接电源，对于临床工作者可能是一件痛苦的事。分辨力是最重要的，如果操作者看不清图像，操作者的诊断结果自己都会有疑问。

2. B超的应用

应用B超进行母牛妊娠诊断，要把握正确位置。B超检查与直肠检查相比，确诊受孕时间短、直观、效果好。一般在配种24~35d B超检查可检测到胎儿并能够确诊怀孕，而直肠检查一般在母牛怀孕50~60d才可确诊；B超检查在配种55~77d可检测到胎儿性别。B超确诊怀孕、图像直观、真实可靠，而直肠检查存在一些不确定因素或未知因素。B 超检查在配种 35d 后确诊没有怀孕，则在第 35 天对母牛进行技术处理，较直肠检查 60d 后方能处理明显缩短了延误的时间。在生产中，除使用 B 超检查诊断母牛受孕与否，还可应用在卵巢检查和繁殖疾病监测等方面。

四、母牛的分娩

（一）分娩预兆

母牛妊娠后，为了做好生产安排和分娩前的准备工作，必须精确算出母牛的预产期。预产期推算以妊娠期为基础。

母牛妊娠期为 240~311d，平均 280d，有报道称我国黄牛平均为 285d。一般肉牛妊娠期为 282~283d。

妊娠期计算方法是配种月份加 9 或减 3，日数加 6，超过 30 上进 1 个月。如某牛于 2000 年 2 月 26 日最后一次输精，则其预产月份为 2+9=11 月，预产日为 26+6=32 日，上进 1 个月，则为当年 12 月 2 日预产。

预产期推算出以后，要在预产期前 1 周注意观察母牛的表现，尤其是对产前预兆的观测，做好接产和助产准备。

分娩前，将所需接产、助产用品，难产时所需产科器械等，消毒药品、润滑剂和急救药品都准备好；预产期前 1 周把母牛转入专用产房，入产房前，将临产母牛牛体刷拭干净并将产房消毒、铺垫清洁而干燥柔软的干草；对乳房发育不好的母牛应及早准备哺乳品或代乳品。

1. 分娩预兆

分娩前，母牛的生理、精神和生殖器官形态会发生一系列变化，称为分娩征兆。

阴唇：逐渐肿胀，松软，皱褶消失而平展充血，由于水肿使阴门裂开。在分娩前 1~2 周，阴唇下联合开始悬排浅黄色近乎透明的极黏稠黏液，当液体明显变稀和透明，即临产。

阴道及子宫颈：阴道黏液潮红，黏液由浓厚黏稠变成稀薄润滑；子宫颈松弛、肿胀，颈口逐渐开张，黏液塞软化，黏液流入阴道。

骨盆：骨盆韧带松弛，位于尾根两侧的荐生韧带、荐髂韧带均软化松弛，使尾根塌陷，尾巴活动范围变大，下腹部不及原来臌胀。

乳房：体积逐渐增大，水肿，临产前乳房膨胀，有时可漏出初乳。

精神状态：表现不安、烦躁，食欲减退或废食，起立不安，前肢搂草，常扭头回顾腹部，或用后肢踢下腹部，频频排粪、排尿，但量不多，弓腰举尾。

临产前 1 周，干物质采食量开始下降，临产前 12h，体温可下降 0.4~0.8℃，临产前几小时食欲突然增加。

2. 即刻分娩预兆

妊娠末期，尽管乳房逐渐发育增大，但这种变化作为即刻分娩预兆并不十分准确。有些妊娠牛早至分娩前 6 周乳房即已增大充盈；但有些则迟至分娩前夜乳房突然膨胀充盈。

临近分娩时，阴门会发生增大、松软和下垂，但这种变化作为即刻分娩预兆同样并不十分准确，因为有些妊娠牛在分娩前数周即可出现此现象。

阴门流出黏液系妊娠子宫颈塞软化和排出阴道的结果，可视为即刻分娩预兆，但何时分娩的精确时间仍难以确定。

虽然妊娠末期乳房膨大充盈，但如果乳头未膨胀，那也不是即刻分娩预兆。如果发现乳头膨胀漏奶，分娩将在 24h 内发生。

骨盆韧带位于尾根与坐骨结节之间，直径大约 2.5cm，连接坐骨结节和脊骨，平时非常坚硬和无弹性。临近分娩时每日应触检两次，如发现完全松弛柔软和凹陷，分娩可在 12h 内发生。

综上所述，从生产实践出发，宜将乳头膨胀漏奶和骨盆韧带松弛视为即刻分娩的可靠预兆。

（二）分娩过程

母牛分娩的持续时间，从子宫颈开口到胎儿产出，平均为 9h，可分为 3 个时期。

1. 开口期

从子宫开始间歇性收缩起，到子宫颈口完全开张，与阴道的界线完全消失为止，此期为 6h 左右。经产牛稍短，初产牛稍长。此期牛表现不安，喜欢在比较安静的地方，采食减少，反刍不规律，子宫收缩较微弱，收缩时间短，间歇长，随分娩过程的推进，子宫收缩（阵痛）加剧，但一般不努责。

2. 胎儿产出期

从子宫颈口完全张开，到胎儿从产道产出这段时间为胎儿产出期。此期一般为 30min 至 4h。此期母牛阵缩时间逐渐延长，间歇时间缩短，腹壁肌、膈肌也发生强烈收缩，开始出现努责，努责力逐渐增强，迫使胎儿连同胎膜从阴门出入数次，发生第一次破水，一般为羊膜绒毛膜破裂，正产时则胎儿前蹄、唇部露出，倒产时后蹄露出，母牛稍休息后，阵痛、努责再强烈发生，尿囊绒毛膜破裂，发生第二次破水，流出黄褐色液体润滑产道，随之整个胎儿产出，如产双胎，则在 20~120min 产第二个胎儿。

3. 胎衣排出期

胎儿分娩后至整个胎衣完全排出为止，正常情况为4~6h，超过12h（也有人认为24h）则为胎衣不下。在胎儿产出后，母牛努责停止，但子宫阵缩仍在继续进行，由于胎儿胎盘血液循环中断，绒毛缩小，同时母体胎盘血液循环也减弱，使胎衣脱离母体，胎盘排出体外。

五、母牛的助产

母牛分娩时助产，尽可能保证母子安全，减少不必要的损失。

（一）助产方法

临产前，先将母牛外阴、肛门、尾根及后臀、助产人员手臂及助产工具器械等洗净、消毒。引导母牛左侧卧地，避免瘤胃压迫胎儿。最好产前做直肠检查，触摸胎儿方向、位置及姿势。如果胎儿两前肢夹着头先出为顺产，让其自然产出；如果反常，须在母牛努责间歇期将胎儿推回子宫内矫正。如果两后肢先出为倒产，后肢露出时应及时配合母牛努责拉出胎儿，避免胎儿在产道内停留过久而窒息死亡，应注意保护母牛阴门及会阴部。胎儿前肢及头露出而羊膜仍未破裂，此时扯破羊膜，将胎儿口腔、鼻周围的黏膜擦净，以使胎儿呼吸。母子安全受到威胁时，要舍子保母，注意保护母牛的繁殖能力。忌破水过早。

（二）难产处理

不让母牛过早配种，妊娠期间合理营养，并安排适当的运动，尤其在产前半个月，要进行早期诊断分娩状态，及时增加上下坡行走运动矫正反常胎位，来防止难产。如果发生难产，请兽医处理。

（1）对经产老龄牛和腹部下垂临产牛需特别关注，因为这些牛由于腹部肌肉收缩无力而致产程过长，从而使胎犊胎盘过早脱离母体胎盘而造成胎犊缺氧死亡；也有可能因努责微弱而发生胎位胎势反常。

（2）实施胎位胎势反常矫正时，应牢记最多只有1~2h的救治时间，超过这一时限，胎犊就很有可能因胎盘分离而缺氧死亡。

（3）为方便胎位胎势反常矫正，一般需将胎犊推回子宫内，留出一定空间进行矫正。如推回子宫内因母牛强烈努责而受阻时，可实施硬膜外麻醉以克服强烈努责。不过，这虽然使矫正过程相对较容易，但矫正完后因无努责产力挤压胎犊排出而常常只得借助人工强行拉出。

（4）实施胎位胎势反常矫正时，应至少向产道内灌注2 000mL以上石蜡油以充分润滑产道，同时在整个操作过程中自始至终尽量保持无菌状态。术前也应对外阴及外阴周围毗邻区域严密消毒。

（5）实施胎位胎势反常矫正时，应注意用手掌包裹着胎犊突出尖锐部分，如蹄端和嘴端，以避免在矫正过程中划破或刺穿子宫壁。如发生子宫壁破裂或刺穿，母牛将凶多吉少，多数会不治而亡。

多年的临床实践总结，当发生胎位胎势反常并且胎犊还活着时，如果矫正不易且耗时太久，一般要当机立断毫不犹豫做剖腹产，因为只要矫正时间超过1~2h，胎犊往往死亡，并且对母牛伤害极大。

（三）产后母牛护理

母牛产后生殖器官要逐渐恢复正常状态，子宫9~12d可恢复，卵巢需1个月时间，阴门、阴道、骨盆及其韧带几天即可恢复，这段时期为产后期。

产后期母牛应加强外阴部的清洁和消毒。恶露需10~14d排完，难产、双胎与野蛮接产均造成恶露期延长，子宫复原慢，并由于此期间机体抗病力低，极易转为子宫炎。因此要坚持做好牛体的卫生与环境卫生工作。

产后母牛体内消耗很大，腹压降低明显，应喂用15~20kg温水、食盐100~150g、适量麦麸调制的麦麸盐水汤，补充水分，增加腹压，帮助恢复体力，产后头2d要饮温水，喂易消化饲料，投料少一些，不宜突然增加精料量，以防引起消化道疾病，5~6d可以恢复至正常饲养。胎衣排出后，可让母牛适当运动，同时注意乳房护理，用温水擦拭，帮助犊牛吸吮乳汁。

第四节　提高母牛繁殖力的技术措施

一、影响繁殖力的因素

遗传、环境、饲养管理、配种技术、疾病等因素，会引起母牛不发情或发情不正常、难产、流产、胎衣不下、死胎或产后弱犊等问题，从而严重影响牛群的繁殖力。

（一）营养

营养对母牛的发情、配种、受胎以及犊牛成活起着重要作用，其中以能量和蛋白质对繁殖影响最大。此外，矿物质和维生素也对繁殖起着不可忽视的作用。幼龄母牛能量水平长期不足，不但影响其正常生长发育，而且可以推迟性成熟和适配年龄，从而缩短了母牛一生的有效生殖时间。成年母牛长期能量过低，会造成不发情或发情不规律、排卵率低等、母牛产犊前产后能量过低，也会推迟产后发情日期。妊娠母牛能量不足会造成流产、死胎、分娩无力或产出弱犊。母牛能量过高，会因母牛变肥，使生殖道被脂肪阻塞而有碍受胎，因此，对繁殖母牛应给予合理的饲养。

蛋白质是牛体的主要组成部分，又是构成酶、激素、黏液、抗体的重要成分。蛋白质缺乏不但影响牛的发情、受胎和妊娠，也会使牛体重下降，食欲减退，直接或间接影响牛的健康和繁殖。

在矿物质中，磷对繁殖的作用较大，缺磷会推迟性成熟，严重时性周期停止。磷摄入量不足又会使受胎率降低，是山区母牛繁殖率低的主要原因。北方地区缺硒，易引起青年母牛初情期延迟，成年母牛不发情、发情不规律或使卵泡萎缩。钙是胎儿生长不可缺少的，可防止成年母牛的骨质疏松症、胎衣不下和产后瘫痪。另外，微量元素（如钴、铜、碘、锰）对牛的繁殖和健康都起一定作用。

胡萝卜素和维生素 A 与母牛繁殖力有密切的关系，缺乏时易造成流产、死胎、胎衣不下等。

因此，根据牛生理状态和生产力，给予恰当的营养，注意各养分之间的平衡，可大大提高母牛的繁殖力和牛群的质量。

（二）管理

科学管理牛群，特别是基础母牛群，对提高繁殖力有重要意义。管理工作主要涉及调整牛群结构，合理规划生产，母牛发情规律和繁殖情况调查，空怀、流产母牛的检查和治疗，组织配种，保胎及犊牛培育等内容。也包括放牧、饲喂、运动、调教、休息、卫生防疫等一系列措施。

管理环节繁杂，若不恰当，会造成群体繁殖力降低，如饲料供不应求，长时期圈养缺乏必要的运动，环境不佳，卫生条件差等，均会使母牛发情与排卵不正常，受胎与妊娠困难，甚至会常年不发情、不受胎或妊娠中断与流产等。只有做好各个环节的工作，才能取得好的繁殖成绩。

（三）配种技术

在自由交配时，公母牛比例不当，公牛头数过少；在人工辅助交配时公牛利用过度，交配不适时或公牛饲养管理不当，都会造成繁殖力降低。在人工授精时，精液品质不好，密度不够，活力差或混有杂质、病菌，不仅直接影响母牛受孕；而且易造成母牛生殖疾患。授精技术不佳造成精子活力下降，或根本没有把精液送到母牛子宫颈深部；对发情母牛授精时间安排不当，或对母牛早期妊娠诊断不及时、不准确，而失去复配机会或误配而导致流产等，都会使母牛受胎率降低。因此，各环节都必须有严格的操作规程、周密的工作计划及检查制度，同时对输精人员要进行严格训练，经过考核后，方可准予从事人工授精工作。

（四）疾病

对繁殖影响较大的疾病有两大类，传染病和非传染性疾病。传染病包括布鲁氏菌病、滴虫病、胎弧菌病及生殖道颗粒性炎症等。非传染疾病包括阴道炎、卵巢炎、输卵管炎、子宫内膜炎、子宫囊肿、子宫颈炎等。

生殖道本身的疾病直接破坏正常繁殖机能，如卵巢疾患导致不能产卵或产卵不正常；生殖道炎症直接影响精子与卵子的结合或结合后不能正常着床等；其他非传染性疾病，如心脏病、肾病、消化道疾病、呼吸道疾病及体质虚弱等都可导致母牛不发情、发情不明显、不规律、不妊娠、流产、死胎及畸形犊等。

传染性疾病对母牛繁殖力的影响较大，如布鲁氏菌病可造成母牛流产，多发生在妊娠 3 个月时；滴虫病可使母牛在妊娠早期发生流产，有时也造成死胎，并易引起子宫内膜炎等。

为了控制传染病，应严格执行传染病的防疫和检疫工作。

（五）环境因素

季节、温度、湿度和光照等都会影响繁殖。过高或过低的温度都不利于牛的繁殖，如在炎热夏季和寒冷严冬时，牛繁殖率最低，春秋两季气候适宜，繁殖率自然最高，冬季发情、受胎少主要由于日照短和粗料维生素含量低，夏季的高温会缩短发情持续期，减少发情表现，胚胎的死亡率明显增加。但如给予遮阴、通风等措施，还可改善其受胎率。

（六）先天性不孕

这类不孕大多是由于脑下垂体失调、内分泌系统和神经系统紊乱，致使生殖器官发育不正常、性机能失调，如子宫狭窄、位置不正、阴道狭窄、二性畸形、异性双胎母犊、种间杂交后代（主要是公牛）、幼稚病（功能性不孕）以及公牛的隐睾等。先天性不孕除幼稚病外，多数为永久性的，应该及早从牛群中淘汰。另外，也存在由于遗传或高度近亲造成的早期胚胎死亡，必须注意选择，对带有致死隐性基因的牛严格淘汰。

（七）异常发情

异常发情包括不发情、暗发情、持续发情和假发情，主要是卵巢功能失常引起的。

1. 不发情

母牛既不发情，也不排卵，往往由于疾病、气候、营养或泌乳引起。子宫内木乃伊化或胎膜残片等，以及子宫内膜炎或其他生殖道疾病是不发情的原因之一。持久黄体是不发情的另一原因，在直肠中挤掉黄体，可使母牛重新发情。卵巢发育不全也会造成不发情，若营养不良，卵巢发育不全比例会大幅度增加，用脑下垂体促性腺激素，特别是促卵泡素治疗卵泡幼稚型，治后往往可以受孕，但第一次发情为多数排卵，配种应在第二次发情时进行。生产中往往是营养因素所造成的。

2. 暗发情或隐性发情

暗发情指发情征状不明显或发情持续时间短，但牛有卵泡发育并且排卵，经常由于营养因素造成。产后母牛、高产和年老体弱母牛较常见。这种情况如不注意检查易造成漏配，应对牛群加强试情和直肠检查，使暗发情的牛也能受孕。

3. 持续发情

持续发情指母牛经常有外部发情表现，亦称慕雄狂。其主要原因是卵巢囊肿，由于营养不足、维生素缺乏、使役过度等因素，妨碍滤泡发育，使滤泡不成熟，不排卵。因滤泡的不断发育，分泌过多的雌激素，使母牛持续发情。常发情的母牛不能很好地休息、反刍，因而采食量下降，奶量也下降，造成母牛不孕，同时因一头牛常发情，也会扰乱牛群安宁和正常活动，因此必须及时治疗。

4. 假发情

母牛有外部发情表现，但卵巢上无发育的滤泡，也不排卵。在母牛妊娠3~5个月内有3%~5%的牛突然有性欲表现，在阴道检查时，阴道黏膜苍白，无发情分泌物，对这种情况要仔细检查，不可盲目配种，以防流产。

二、提高繁殖力的技术措施

了解影响母牛繁殖力的主要因素，就可以通过科学的饲养管理，使母牛处于最佳繁殖状态，采用综合措施，努力提高母牛的繁殖力，实现多产犊、多成活，获得更多、更好的牛产品。

（一）加强母牛的饲养管理

饲料的营养对母牛的发情、配种、受胎以及犊牛的成活起着决定性作用。能量、蛋白质、矿物质和维生素对母牛的繁殖力影响最大。营养不足会延迟青年母牛初情期和初配年龄，会造成成年母牛发情抑制、发情不规律、排卵率降低，甚至会增加早期胚胎死亡、流产、死产、弱胎、分娩困难、胎衣不下及产后瘫痪等；同时会影响公牛精子的生成，导致精液质量下降，受精能力低下。在饲养上要尽量满足公母牛对各种营养物质的需要。尤其母牛，五成膘以下很少发情，六成膘受配率可达70%，受胎率72%，七成膘分别为75%和78%，八成膘分别为78%和80%。同时注意营养物质的平衡，如钙、磷比不适时，会引起钙或磷的缺乏症，一般日粮中钙磷比为（1.5~2）：1，过大会造成钙吸收困难，要避免营养水平太高，过度肥胖对繁殖公牛和母牛都很不利，过肥会导致母牛卵巢脂肪变性，影响滤泡成熟和排卵。公牛则会引起睾丸机能退化等。

在管理上，首先搞好清群，淘汰劣质公牛和母牛，大力发展地方良种公牛和引进外来优良牛种，有不少地方牛群质量不高，不少失去繁殖能力的母牛混在牛群中，甚至用暂时未去势但不适于种用的公牛配种，导致繁殖率下降，同时牛品质提高不快。其次必须改善牛群结构，增加母牛比例，使牛群在生产与增殖方面达到一定比例，一般养牛发达国家母牛比例多在50%以上，我国较低。牛舍应经常保持卫生、干燥，母牛在怀孕期间要防止惊吓，鞭打、滑跌、顶架等，特别对有流产史的孕牛，必要时采取保护措施，如服用安胎药物或注射黄体酮等。让孕牛常晒太阳，保持牛舍保暖和通风，促进母牛正常发情。要求母牛有充分的运动，尤其孕期母牛，适当运动可以调整胎位，使其顺产，避免难产。

（二）提高公牛精液质量

种公牛的精液品质对提高繁殖率很重要，包括射精量、颜色、活力、密度、精子畸形率等。在正常情况下，牛的射精量为5~8mL，精液为淡灰色及微黄色。活力是指精液中直线运动精子占全部精子的百分数，如100%为直线运动则评为1.0分，90%则评为0.9分，依此类推。精子密度指精液中精子数量的多少。按国家标准冷冻精液解冻后，精子活力应为0.3以上，稀释后活力在0.4~0.5。每份精液含有效精子1 000万个以上，畸形率不超过17%。由此可知，种公牛的饲养十分重要，种公牛的营养应全价而平衡，要求饲料多样配合，易消化，适口性好。同时加强种公牛的运动和肢蹄护理，保证有良好体况和充沛精力。严格遵守规程要求进行精液处理和冻精制作，注意冻精颗粒（或细管冻精）分发和运送各个环节，才能保证精液质量。

（三）适时输精

黄牛发情期比其他畜种短，一般平均仅15~20h。排卵则多在发情结束后

10~15h。距发情开始约 30h。根据这些适当安排输精时间非常重要。一般认为，母牛发情盛期稍后到发情末期或接受爬跨再过 6~8h 是输精的适宜时间。在生产中如发现母牛早上接受爬跨则下午输精 1 次，翌日清晨再输精 1 次。下午接受爬跨的，翌日早晨第一次输精，隔 8h 再输精 1 次。

（四）熟练掌握输精技术

使用直肠把握输精法必须掌握“适深、慢插、轻注、缓出、防止精液倒流”的技术要领。输精员动作柔和，有利于母牛分泌促性腺激素，增强子宫活动，有利于受胎。

（五）及时检查和治疗不发情的母牛

调整母牛的营养水平，同时利用人工催情的办法会增加母牛受配率，一般用孕马血清一次注射 10~20mL，间隔 6d 再注射 20~30mL，催情后的配种效果最佳。两次注射比一次注射提高受配率 50%，比当期受胎率高 20%。适量孕马血清注射后有效期为 6~7d，为此，第二次注射间隔不应少于 6d，不超过 8d，以便有效衔接。利用三合激素处理母牛，同期发情效果较好。使用激素催情前，必须弄清楚牛的营养是否平衡（尤其磷的平衡），一般应为中等膘情且处于发情周期近于发情前期。

犊牛随母哺乳时间过长（6 个月以上），往往影响母牛的正常发情。据统计，黄牛产犊后第一次发情在 60d 内的占 21.2%，61~99d 占 51%，100d 以上占 21%。发情迟与犊牛吃奶有关。过长喂奶期对犊牛发育并不利，延迟犊牛喂草期和草量，其瘤胃发育推迟，犊牛生长发育迟缓，同时，母牛营养跟不上，影响正常发情。因此，应使犊牛早期断奶，早补草料。据报道，带犊母牛在犊牛断奶后 10d 内发情的占多数。也可在计划配种前采取营养诱导法，即母牛在产后 50d 开始每天增加配合料 0.1~0.2kg，直至母牛正常发情配种为止（最高日料量 3kg，不再加）。当牛妊娠 5 个月后必须合理提高日粮营养，否则营养过低时，也会终止妊娠（流产）。

（六）积极治疗由疾病引起的不孕

牛产犊后 10~12d 应排完恶露，阴道流出正常液体，如在分娩半个多月至 20d 依旧恶露不止，即可认为不正常甚至发生子宫内膜炎，应冲洗治疗使脓液排出，一般 4~6 次可使子宫恢复。卵巢疾患多为持久黄体和排卵静止，可用激光疗法或诱发疗法。对于疾病应在加强饲养管理的基础上，针对各种疾病及时治疗。

（七）应用激光提高母牛受胎率

据报道，对正常发情母牛进行激光照射可提高受胎率，通过激光照射可治疗牛的卵巢囊肿、卵巢静止、持久黄体及慢性子宫炎等疾病，从而提高母牛受胎率。但此法仍处于摸索阶段，其基础建立在正常营养条件下。

（八）做好妊娠牛的保胎工作

胎儿在妊娠中途死亡，子宫突然发生异常收缩，或母体内生殖激素紊乱都会造成流产，要做好保胎工作，保证胎儿正常发育和安全分娩。

胎儿主要依靠子宫内膜分泌的子宫乳作为营养，如营养过低，饲料质量低劣，子宫乳分泌不足，会影响胚胎发育，甚至造成胚胎死亡或流产，即使犊牛产出，体重也很小，发育不好，易死亡。营养中主要是蛋白质、矿物质和维生素，特别在冬季枯草期，维生素 A 缺乏时，子宫黏膜和绒毛膜上的上皮细胞发生变化，妨碍营养物质交流，母子易分离。维生素 E 缺乏，常导致胎儿死亡。钙、磷不足，会动用母牛骨组织中的钙、磷以供胎儿需要，时间长造成母牛产前或产后瘫痪。因此应注意补充矿物质；不喂腐败变质饲料及冰冻饲草料和饮用冰水。孕牛要有适当运动。

（九）加强犊牛培育

孕牛营养与初生牛的体重和健康密切相关，初生重大的犊牛易成活。犊牛出生后要吃初乳、早补料，保证有充足清洁的饮水。犊牛应避免卧于冷、湿地面和采食不干净食物，以防腹泻。

第三章　肉牛饲料加工及配制

第一节　肉牛消化生理特点及营养需要

根据动物消化器官的结构和生理特点，家畜分为反刍动物和单胃动物两大类。一般生产用反刍动物有肉牛、奶牛、水牛、绵羊、山羊、骆驼等。由于反刍动物消化生理上的特点，可以利用猪、家禽所不能利用的饲草料。下面将介绍反刍动物瘤胃消化生理特点以及在生产过程中所需要的营养。

一、反刍动物瘤胃消化生理特点

（一）瘤胃内环境

反刍动物的胃为复胃，分瘤胃、网胃、瓣胃和皱胃 4 个部分。前 3 个胃合称前胃，其黏膜没有腺体分布，相当于单胃的无腺区。皱胃机能与一般单胃相同，所以又称真胃。犊牛出生后瘤胃、网胃发育迅速，8 周龄前相对生长最快，约在 12 周龄即达到相对成年的大小，有些品种牛在 6~9 月龄达到相对成年的大小。成年大型牛的复胃容积为 160~230L，其中瘤网胃占 81%~87%，瓣胃 10%~14%，真胃 3%~5%。反刍动物的复胃消化主要是瘤网胃消化，瘤胃可以看作一个具有厌氧性微生物生长繁殖的连续接种的活体发酵罐。瘤胃内容物含干物质 10%~15%，水分 85%~90%；瘤胃内的渗透压比较稳定，瘤胃液的溶质包括无机物和有机物，溶质来源于饲料、唾液、瘤胃液体以及微生物的代谢产物，Na^+、K^+、Cl^- 含量分别为 102.84mmol/L、3.95mmol/L、19.66mmol/L。瘤胃内 pH 值变动范围为 5.6~7.8，pH 值呈有规律变动，它取决于日粮的性质和摄食后时间，pH 值如果低于 6.5 则不利于纤维素的消化；瘤胃有比较稳定的缓冲系统，缓冲能力受 pH 值、CO_2 分压和挥发性脂肪酸（VFA）浓度的影响。瘤胃 pH 值为 6.8~7.8 时，缓冲能力良好，超出这一范围，则显著降低；瘤胃内的氧化还原电位通常保持于-400mV 左右，这有利于偏厌气性菌群的生存和繁殖瘤胃内温度一般为 38.5~40℃，由于瘤胃发酵产生热量，所以瘤胃温度通常高过体温1~2℃，但动物具有身体传导、呼吸及皮肤散热的功能，瘤胃温度不会过高。

（二）碳水化合物代谢

反刍动物的饲料构成多以谷物籽实和植物茎叶为主，它们含有丰富的糖类物质碳水化合物，包括葡萄糖、果糖为主的单糖；麦芽糖、乳糖等双糖，大分子碳链物质如淀粉、纤维素、半纤维素、果胶等，这类物质的平均含量可高达日粮70%~80%，其中粗饲料含有较高的纤维素，它们进入瘤胃后经微生物发酵作用，部分被降解，生成挥发性脂肪酸，作为能量物质被利用。在糖类物质中，纤维素是难以消化的一类化合物，是植物细胞第一、二层的主要成分，由几千到1万多脱水呋喃葡萄糖分子构成的多聚物，而且以纤维二糖的形式经β-1,4糖苷键互相联系起来，瘤胃内纤维素分解是在多种微生物分泌复合酶作用下进行的，包括胞内酶和胞外酶。在它们的作用下，纤维素首先分解成分支较少的多糖，然后形成纤维二糖和葡萄糖，纤维二糖经酶水解为葡萄糖。可溶性糖在瘤胃内约90%被微生物发酵产生VFA和CO_2，同时产生能量供微生物繁殖利用。

（三）粗蛋白质的消化

由于瘤胃微生物的存在，反刍动物利用蛋白质明显不同于单胃动物。瘤胃中的厌氧细菌、原虫和厌气性真菌能分泌降解蛋白质的酶，从而使进入瘤胃的饲料蛋白质分解为肽、氨基酸和氨。蛋白分解菌占瘤胃细菌的12%~18%，其中以厌氧性拟杆菌、丁酸弧菌、新月状单胞菌以及革兰氏阳性杆菌和球菌的活性最高。细菌蛋白分解酶由肽链端解酶和肽链内切酶组成，位于细胞膜表面，可与基质自由接触，因此有20%~30%酶游离于瘤胃基质中，其作用类似于胰蛋白酶进入瘤胃的饲料蛋白质一部分被微生物降解为非蛋白氮（NPN），这部分与饲料原有的以及唾液中的最终转变成氨。瘤胃微生物利用发酵生成的挥发性脂肪酸作为碳架，并利用瘤胃发酵释放的能量将氨合成微生物蛋白质。微生物蛋白质连同饲料中未降解的过瘤胃蛋白质，在胃肠蠕动的推动下进入皱胃和小肠，被消化腺体分泌的酶分解为多肽类和氨基酸，被动物体吸收和利用。大量研究表明，植物蛋白质经保护处理后，就可增加过瘤胃蛋白的比例，提高蛋白质的利用率，动物氮沉积和生产性能得到明显改善，根据氮能平衡理论，这可使日粮中更多的非蛋白氮得到利用。

瘤胃氮代谢中肽的出现也引起重视，很多研究表明，饲料蛋白质在瘤胃降解过程中，瘤胃内容物出现多肽，并且水解速度很快，致使饲喂数分钟内瘤胃

内容物出现多肽。研究表明，按 1∶1 给绵羊饲喂稻草和精料后，瘤胃中肽的浓度增加数倍，然后陡然下降，这说明，饲料蛋白质迅速分解成肽后，大部分被微生物利用。细菌的生长速度受到氮化合物种类的影响，短肽作为氮的供给源利用速度最快，细菌生长速度也最快，而氨基酸利用率较低，NPN 最低。

瘤胃中蛋白质的降解率随蛋白质的种类而变化（50%~90%），在一般情况下，饲料蛋白质约在瘤胃降解，其余部分下行到后消化区段消化。

（四）脂类消化

成年反刍动物的脂类消化和代谢，由于微生物的作用，而与单胃动物有很大差异。瘤胃微生物具有水解酯键的能力，它们能水解饲料中甘油三酯和磷脂，水解产物为甘油和脂肪酸，其中甘油多半又被发酵生成丙酸。而瘤胃原虫仅对磷脂具有分解作用。未经保护的脂肪 85%~95%被微生物分解，这种分解程度比不加脂肪的传统日粮高。另有研究表明，饲喂高蛋白日粮，瘤胃中脂肪分解过程增强。富含纤维日粮的瘤胃微生物脂肪酶活性高于富含淀粉日粮。然而，在纤维型日粮中，短期补充淀粉还可以促进脂肪分解过程，这说明脂肪的分解速率依赖于瘤胃的微生态环境，瘤胃变化影响着脂肪酶活性。微生物还可以将饲料中的脂肪酸和脂肪分解生成硬脂酸，故反刍动物体内硬脂酸比例较大。

瘤胃细菌在脂类氢化中起重要作用。瘤胃中普遍存在能使多聚不饱和脂肪酸氢化形成单烯酸的细菌，显然瘤胃中脂肪酸的氢化是各种细菌综合作用的结果。脂肪分解生成的具有自由羟基的脂肪酸可被瘤胃细菌快速氢化。亚麻油酸在瘤胃的氢化率为 60%~95%，而次亚麻油酸在瘤胃中可全部氢化为硬脂酸。

饲料中添加未保护的油脂对瘤胃微生物发酵有明显的抑制作用，能显著降低牛羊对纤维素的消化率，并使甲烷、挥发性脂肪酸、乙酸/丙酸下降。如果在日粮中添加经保护处理的脂肪酸钙，则可在瘤胃免受微生物分解，在小肠被消化酶分解后被机体利用，动物的生产性能有明显提高。

二、营养物质在小肠的消化

营养物质在小肠的消化即由消化酶促使的化学消化，提供小肠消化酶的主要腺体是胰腺、肝脏和小肠液腺体。进入小肠的蛋白质、脂类物质和糖类物质在消化酶的作用下，由大分子物质分解成小分子，进而被吸收。

到达小肠的微生物蛋白和瘤胃未降解蛋白首先经胰蛋白酶、糜蛋白酶的酶解反应成为小分子的多肽和氨基酸。部分多肽再经胰肽酶和肠肽酶的分解作用，变成短肽和氨基酸。胰液中还存在羟基肽酶和脂糖酶，它们可分别水解多肽为氨基酸，水解核酸为单核苷酸。进入小肠的微生物蛋白质的消化率在0.7~0.9，进入小肠的饲料蛋白质的消化率在0.64~0.80。

进入小肠的淀粉在淀粉酶的作用下水解为麦芽糖。麦芽糖在胰麦芽糖酶和肠麦芽糖酶的催化作用下水解成单糖。胰液中还有蔗糖酶和乳糖酶，能分别水解相应的双糖为单糖，淀粉的降解产物葡萄糖、果糖等单糖等在这里被吸收利用。饲料中大部分淀粉在瘤胃内发酵，若进食量很大，就会有相当数量的未降解淀粉进入小肠，细菌多糖也是进入小肠糖的重要来源。

进入小肠的脂肪主要靠胰脂肪酶进行消化，胰液中有三种水解脂肪的酶。其一是水解真脂的酶，在胆盐的共同作用下，把脂肪分解为甘油、甘油一酯和脂肪酸；其二是水解胆固醇的酶，其作用也需胆盐配合；其三是水解磷脂的酶，能将磷脂分解为甘油、脂肪酸和磷酸盐。

三、肉牛营养需要

营养需要是提高肉牛规模化生产效益的基础，近年来很多研究者对肉牛育肥期能量、蛋白质需要及营养标准进行了比较深入的研究和报道。很多学者就如何提高精粗饲料利用率、饲料能量浓度、不同蛋白源的利用等方面做了大量研究。众多试验调查表明，日粮中精粗饲料比直接影响肉牛的生长效率，精料量越大，肉牛增重效率就越高。但随着日粮精粗比例的提高，会导致瘤胃pH值下降，而纤维分解菌对pH值下降比较敏感，这样就会影响纤维分解菌的活性，造成粗饲料消化率的下降。如果比例太低，又会使日粮的营养水平偏低，延长肉牛的育肥时间，使牛肉品质下降。所以掌握好肉牛日粮的精粗比，提供合适的营养水平，对于提高饲料的消化利用率、提高肉牛生长速度、改善牛肉品质都有重要意义。

（一）蛋白质营养需要

当前在各因素影响下，肉牛养殖主要以脂肪少、精肉嫩等为饲养标准，因此在早期养殖期间主要以育肥为基础。其中肉牛饲养需要先粗后精，并具有较强的多样性，生长时期犊牛、怀孕与泌乳期母牛等对于蛋白质的需求量相对较高，在老牛育肥期间，饲养人员仅需要供应相应的干草豆料。种牛与青壮牛在越冬过程中需要较为充分的豆料粗粮，例如，亚麻仁饼粉、大豆饼粉等。

（二）能量营养需要

在肉牛的整个生长阶段中，对于能量的需求都相对较高。在育肥阶段，矿物质、水以及蛋白质等需求量会随着肉牛的成熟而逐渐降低。瘤胃在消化酶的帮助下对饲料进行分解，这也是能量主要来源。所以饲养人员需要结合实际需求添加相应含有消化酶的饲料添加剂，这样可促进饲料利用率的提升，进一步显现肉牛育肥的目的。

（三）矿物质营养需求

在进行粗饲喂养期间，豆料含量相对较高时，肉牛可获得较多的钙质营养，在粗饲主要为谷类结构时肉牛需要对钙质营养进行补充，其主要原因为谷类物质钙含量相对较少。若饲料中缺乏磷，会导致肉牛食欲下降，甚至导致配种失败问题的出现。确保育肥牛每天植物蛋白的摄入量通常为0.5kg左右时，可较为良好地对磷元素进行补充。在对碘、锌、铜、钾等矿物质进行补充期间，饲养人员可用舔砖以及饲料添加剂等方法进行补充。

（四）维生素营养需求

在通常情况下，在青贮草以及绿色牧草中都含有大量的维生素A，其中发黄枯老的牧草中维生素A含量相对较低，所以在冬季缺乏青草时需要对其进行大量的补充。在绿色豆类以及黄色玉米中，维生素A含量也较为丰富。在这些饲料缺乏时，饲养人员需要在牛饲料中添加相应数量的脱水青草、鱼肝油等物质。肉牛可通过阳光的照射对维生素D进行良好的补充，因此在肉牛饲养期间经常需要大量的户外运动，借此对维生素D进行补充。另外，在何种饲料中都含有较为丰富的维生素E，因此在饲养期间不需要刻意对其进行补充。

（五）水营养需求

在肉牛的饲养与生长过程中，水具有极为重要的作用，也是其健康生长的主要基础，因此需要较为充足的供应。在通常情况下，肉牛重量在250~450kg时，其每天的饮水量需要保持在25~35kg。

我国饲料分类法，肉牛常用饲料按原料分类分为青绿多汁类、青贮类、块根块茎及瓜果类、干草类、农副产品类、谷实类、糠麸类、饼粕类、糟渣类、矿物质饲料、维生素饲料、饲料添加剂等。

在日常的生产中，无论是大型农场还是小型农户养殖时，所使用的饲料已经不是单一的草料喂养方式，而是多种成分混合饲料喂养，并且，这种方式对于各种饲料成分有着科学的配比关系。因此本章通过介绍常用粗饲料及加工、常用精饲料及加工与饲料配制技术来推荐适宜范围较广的饲料配方。

第二节　常用粗饲料及加工

粗饲料作为反刍动物的主要基础饲料，在肉牛日粮中有一定的占比，其质量高低对肉牛生产性能起着非常重要的作用。而粗饲料营养价值和利用率的高低可因其来源和种类的不同存在着较大的差异。

养殖中常用的粗饲料有新鲜牧草、干草、青贮、灌木嫩枝叶、农作物秸秆与农副加工产品，常常具有较高的营养价值和利用率，不经任何处理和加工调制，直接饲喂也能获得较好的饲喂效果。相反，对于占粗饲料绝大多数的低质粗饲料，如秸秆、秕壳、荚壳、笋壳等，因其适口性、可消化性和养分平衡性均较差，营养价值较低。因此，若不作处理和加工调制直接饲喂动物，往往难以达到应有的饲喂效果，而降低其有效利用率。所以，粗饲料尤其是低质粗饲料加工、利用的好坏，直接关系到肉牛养殖的成功与否，效益的高低。

一、农作物秸秆

（一）常用的农作物秸秆

稻、麦秸秆含有大量的粗纤维、一定量的蛋白质、少量的钙磷和维生素，是饲喂草食动物的原料，在我国农村就有用稻麦秸秆饲喂耕牛的传统习惯。农作物秸秆只要加以合理的利用和科学的处理，就能成为良好的饲料原料。这样既可以提高秸秆的利用价值，又可以增加农民回收农作物秸秆的积极性，减少田间焚烧秸秆现象的发生。特别是在农区，基本上都是采用圈舍栏养模式，这种养殖模式为采用 TMR（全混合日粮）饲料养殖肉用商品牛提供了基础，也为综合利用稻麦秸秆、青绿牧草和其他饲料原料制作肉用商品牛配合饲料提供了必要条件。常用的农作物秸秆与农副加工产品有：玉米秸秆、水稻秸秆、花生秸秆、大豆秸秆、甘蔗渣、甘蔗梢。

（二）加工处理方法

一般秸秆类饲料的加工处理方式较多，有化学、生物以及物理学处理方法。

1. 化学处理法

主要有碱化法、氨化法和复合化学处理法。用碱性化合物（如氢氧化钠、氢氧化钙、氨及尿素等）处理农作物秸秆，可以打开纤维素、半纤维素与木质素之间对碱不稳定的酯键，溶解半纤维素、一部分木质素及硅，使纤维素膨

胀，暴露出超微结构，从而便于微生物所产生的消化酶与之接触，有利于纤维素的消化。一般秸秆作物中仅含有3%~5%的粗蛋白质，而35%~40%为粗纤维，其消化率仅为35%~45%。经氨化处理后的秸秆粗蛋白含量增加了1.4倍，干物质、粗纤维消化率分别达到70%、64.4%，有机物的消化率可提高10%~12%，反刍动物采食量可提高48%。近年来，随着秸秆化学处理的发展，有研究者提出用尿素+氢氧化钙调制秸秆的复合化学处理法，有试验表明该方法效果好于氨化或碱化单一处理。

2. 秸秆的生物学处理法

生物学处理法包括青贮、发酵、酶解等，其中最常见的为青贮。青贮的原理是在厌氧条件下，通过附生于植物体的乳酸菌，利用原料中的可溶性碳水化合物，厌氧发酵产生有机酸（主要是乳酸），导致pH值下降，从而杀灭各种微生物或抑制其繁衍，达到保存青绿饲料的目的，青贮处理可使玉米秸秆消化率提高10%以上。外加添加剂的青贮饲料效果优于普通青贮饲料，有试验表明，按0.5%比例向铡短玉米秸秆中加入乳酸菌溶液进行青贮处理，其干物质及有机物降解率高于普通青贮饲料，饲喂育肥架子牛效果明显。

3. 秸秆的物理学处理法

物理学处理法有铡短、粉碎、压块、膨化等，目的是使粗饲料体积变小，便于家畜采食和咀嚼，从而提高采食量。用秸秆原料加工饲料应设置磁选工序，这是因为牛舌表面粗糙，肌肉发达结实，适于卷食草料，饲料第一次通过口腔时不充分咀嚼，吞咽很快，因此对饲料中异物（毒草、铁钉、玻璃）的选剔性很差，容易误食并吞咽入胃中，导致胃炎或刺破胃壁至心包，引起创伤性心包炎等疾病。牛喜欢吃青绿多汁的饲料和精饲料，最不喜欢吃秸秆类粗饲料。牛对铡短的干草采食量较大，对草粉采食较少，草粉加工成颗粒饲料后，采食量可增加50%，因此肉牛配合饲料应制成颗粒型饲料。这样既可防止饲料在运输和使用中因原料相对密度不同出现分级现象，又能提高肉牛的饲料采食量。

二、新鲜牧草

新鲜牧草在口感上具有鲜嫩汁多、适口性好的特点，纤维素含量低，营养成分消化率高，且含有维生素、矿物质、蛋白质等多种营养成分，能够刺激肉牛大量进食。特别是新鲜牧草中的蛋白质含量高且丰富，能够满足肉牛在各种生理状态下对蛋白质成分的需要量。除此以外，新鲜牧草能够为肉牛提供包括胡萝卜素、B族维生素、维生素K、维生素C以及维生素E等在内的多种维生素，经常性喂食肉牛新鲜牧草能够减少肉牛群中维生素缺乏症的患病率。

（一）黑麦草

黑麦草生长快、能耐牧，是优质的放牧用牧草，也是禾本科牧草中可消化物质产量较高的牧草之一。在我国长江中下游及其以南各地均有大面积栽培和利用。黑麦草为一种类似于小麦的禾本科牧草，包括一年生黑麦草、多年生黑麦草及多花黑麦草等，黑麦草具有较强的抗冻性，不少人一致认为黑麦草冬季可正常生长，其实不然，一般气温降至10℃以下时生长便会受阻、气温降至5℃以下时黑麦草便会停止生长，建议放弃冬季用黑麦草养牛的念头。

黑麦草粗蛋白质含量高，并且非蛋白氮含量高，不可降解蛋白质比例较低。非蛋白氮中的氨基酸、肽、天冬酰胺、谷氨酰胺对动物的营养价值与真蛋白质一致，对反刍动物具有较高的营养价值，不可降解蛋白质不能被反刍动物或瘤胃微生物消化，说明黑麦草消化、利用率较高，品质较好。抽穗期为黑麦草较好的刈割时期，其干物质中含粗蛋白质18%以上，粗纤维24%以下。

营养成分：茎叶干物质中含粗蛋白质19.22%，粗脂肪6.81%，粗灰分13.46%，草质好，柔嫩多汁，适口性好。

（二）皇竹草

皇竹草由美洲狼尾草和象草杂交育成。1993年中国四川省从哥伦比亚引进种植，2000年推广到宁夏并向银川郊区贺兰、盐池、灵武辐射，同年推广到内蒙古的达拉特旗、杭锦旗等县和新疆、山东、陕西、甘肃、山西、河南、河北、湖南、湖北、贵州、浙江等10多个省（区），在无灌溉条件下长势良好。

皇竹草是一种粗蛋白质和无氮浸出物含量高、总能含量也很高的新兴饲料植物，不仅营养物质含量丰富，适口性好，而且具有1次栽种可多年收割、1年中可多次收割、耐干旱、生长速度快、分蘖能力强、产量高、适应能力强的特点。可作为多种动物的饲料，由于皇竹草中粗蛋白质与无氮浸出物不仅在生长旺盛季节的含量高，在秋季依然较高，在昆明地区可以常绿过冬，不会抽穗开花，不仅能在生长季节，而且还能在冬季为各种动物提供青绿饲料。虽然冬季收割时其营养物质含量不如生长旺季的高，但可以解决冬季青绿饲料供应不足的问题，这对反刍动物的养殖非常有利。

营养成分：粗蛋白质含量17.41%、粗脂肪含量3.22%、粗纤维含量21.78%、无氮浸出物含量43.58%、灰分含量5.03%。

（三）紫花苜蓿

紫花苜蓿是豆科、苜蓿属植物。多年生草本，多分枝，高30~100cm。其产量高，适口性好，营养价值列牧草之首。原产于土耳其、亚美尼亚、伊朗、阿塞拜疆等地。欧亚大陆和世界各国广泛栽培。中国各地都有栽培或呈半野生状态。生于田边、路旁、旷野、草原、河岸及沟谷等地。苜蓿中含有丰富的蛋白质，初花期含量在20%~30%（DM）苜蓿中含有丰富的维生素和微量元素，含有动物需要的各种氨基酸。新种苜蓿第2、3年生长最茂盛。每亩可收割5 000kg，1年2~3茬。因富含多种维生素、叶绿素、粗蛋白质和粗脂肪，饲喂牲畜保膘性能显著。冷凉地区的苜蓿草主要通过风干后饲喂的青干苜蓿。落花期紫花苜蓿茎干粗壮，富含干物质，矿物质、粗蛋白质、粗脂肪、粗纤维、各种维生素含量是青干草的2~3倍。晾晒保管要尽量保持青干苜蓿叶片完整，防止掉落减低营养含量。

三、干草类

干草是指青草或栽培青饲料在结实前，刈割下来经日晒或人工干燥而制成的干燥饲草。制作良好的青绿干草呈青绿颜色，称为青干草。

干燥方法一般分为两种：自然干燥和人工干燥。晒制青干草，一般多采用平铺暴晒与小堆晒制相结合的方法，也有采用草架干燥法。

1. 平铺暴晒

为了使植物细胞迅速死亡，停止呼吸，减少营养物质的损失，将收割后的鲜草，先进行薄层平铺暴晒4~5h，使鲜草中的水分迅速蒸发，由原来的65%~85%减少到38%左右。

2. 小堆晒制

草的含水量由38%减少到14%~17%，是一个缓慢的过程。如果此时仍采用平铺暴晒法，不仅会因阳光照射过久使胡萝卜素大量损失，而且一旦遭到雨淋后养分损失会更多。所以，当水分降到40%左右时，就应改为小堆晒制，将平铺地面的半干的青草堆成小堆，堆高约1m，直径1.5m，重约50kg，继续晾晒4~5d，等全干后即可上垛。另外，在有条件的地方，特别是多雨地区，还可采用草架晾干法，其效果会更好。

3. 草架干燥法

先在地面干燥4~10h，含水量降至40%~50%时，然后，自下而上逐渐堆放在草架上。堆放成圆锥形或屋脊形，要堆得蓬松些，厚度不超过70~80cm，离地面应20~30cm，堆中应留通道，以利于空气流通，外层要平整保持一定倾斜度，以利于采光和排水。在架上干燥时期需1~3周，根据天气情况而定。

4. 广泛采用人工干燥法

调制青干草，即将青草送入干燥机内，在120~150℃温度下烘5~30min。用这种方法晒制的青干草质量较高。

鲜草在干燥过程中凋萎期与细胞酶解作用时，前者更快；在晒制过程中养分也会随之发生变化，麦角固醇转变为维生素D_2，或蜡质、挥发油，萜烯等物质氧化产生醛与醇类，使干草产生芳香味，增加适口性。相反的，在制备干草类粗饲料时营养物质也会损失。植物体内生物化学变化，刈割后植物细胞的呼吸作用与细胞体内自酶作用开始发生；无氮浸出物水解成糖，蛋白质分解成氨基酸与氨。阳光照射后叶绿素损失与维生素C损失，胡萝卜素损失较多。在人工制备时，叶片损失20%~30%；嫩枝损失6%~10%；尤其是翻转造成的损失。洗淋可使40%可消化蛋白质受损。晒制过程中总营养物质要损失20%~30%；可消化蛋白质损失在30%左右，维生素损失可达50%。

干草分为豆科青干草（紫花苜蓿干草、草木樨、三叶草干草等）、禾本科青干草（黑麦草、羊草等）、谷类青干草（大麦、黑麦、燕麦）、混合青干草以及其他青干草。

要想晒制出优质青干草，必须注意以下事项：一是增加营养价值高的植物在干草中占的比例，如豆科植物等；二是青草收割的时期要适当。实践证明，在抽穗期收割的禾本科植物和在孕蕾期或初花期收割的豆科植物晒制的青干草，其营养价值较高，含粗蛋白质、胡萝卜素多，含粗纤维少；三是调制青干草的方法要得当。例如一种牧草，在用机器快速烘干时，其可消化粗蛋白质的损失只有5%，而在地面晒干时则损失高达20%~50%，胡萝卜素的损失更大。

青干草的干燥贮藏必须达到含水量的15%~17%，不能高于17%。贮藏库要通风防雨，要在草垛下铺垫木头等防潮。露天堆放的青干草垛，周围要挖20~30cm深的排水沟，垛要起脊，垛顶用塑料薄膜覆盖压实或用秸秆等物沿垛的坡度覆盖，以免淋雨霉变。此外，还要经常检查草堆，避免青干草因高温发热变质。

四、青贮类

青贮是利用微生物的乳酸发酵作用，通过微生物（主要是乳酸菌）厌氧发酵，使原料中所含的糖分转化为有机酸，主要是乳酸，当乳酸在青贮原料中积累到一定程度时抑制其他微生物的活动，并阻止原料中的养分被微生物分解破坏，从而保存原料中的养分。优质的青贮饲料，不含丁酸，含有较多的乳酸，乙酸较少；品质差的青贮饲料，乳酸少，丁酸含量较高。

玉米青贮是反刍动物重要的粗饲料来源，也是支撑我国畜牧业发展的"标杆性"饲料。目前，国内外专家生产实践证明全株玉米青贮可作为优质的粗饲料资源之一，其具有较高的营养价值和生物学转化效率。国外畜牧业发达的国家对青贮玉米的种植和加工利用非常重视，尤其是美国、英国、法国、加拿大、荷兰等欧美国家。全株玉米青贮在反刍动物日粮中不仅是粗饲料的代表，还扮演着能量来源的角色，对动物育肥具有重要的强化作用。

（一）生产中青贮玉米的评定方法

玉米营养价值是指玉米所含的营养成分被动物采食后所产生的效果。玉米青贮营养价值的评定是分析玉米中所含的营养成分含量，评估其在动物体内被动物利用的营养效果，为评价玉米青贮的质量以及合理利用提供依据。

感官评定法：感官评定法先根据气味、结构、色泽 3 项进行评分，再按得分分为优、可、中、下等进行定量比较。

（二）全株玉米青贮方法

1. 适时收割

一株玉米青贮原料的含水量在 60%～70%时制作的青贮玉米质量最佳。在这个含水范围内玉米制作的青贮也非常适合长期保存。现在可选用奶牛专用青贮玉米来种植，适时收割应在乳熟期至蜡熟期。即籽实含水分 40%～60%，其顶部出现凹陷时。

2. 切短

无论是全株玉米还是青绿玉米秸秆，或是在何种青贮设备中，都需要切短。在不影响动物采食的情况下，越短越有利于乳酸菌的繁殖，越有利于青贮发酵。一般建议制作青贮的玉米切成 1～2cm。根据全株玉米及玉米籽实的含水量、玉米品种等，切割长短可适当变化，较短的青贮有利于提高消化率。

3. 装窖与封严

装窖时，装料应逐层装入，速度要快，并且压实，尤其注意边缘和四角。只有压实才能将空气排出，有利于乳酸菌的活动和繁殖。先在青贮窖的底层铺切短的秸秆软草 10～15cm，以便吸收青贮汁液。在青贮窖的四周衬 1 层塑料薄膜，以防漏渗水。装填原料时要迅速快捷，当天入窖，逐层铺平、压实，快装压紧。在调制青贮料的过程中，必须抓紧时间，集中人力、机械搞突击，缩短原料在空气中暴露的时间，装窖越快越好。若延长装窖时间，除受植物细胞呼吸作用影响损失营养物质外，还由于呼吸作用而使温度上升，引起杂菌繁殖，致使青贮饲料品质下降，要边装窖边压紧，采用逐层踏实的办法，条件适合的可用机械碾压。尤应注意四壁原料的压紧，越紧实越易造成厌氧环境，越有利于乳酸菌的发酵。当原料装填压紧与窖口平齐后，中间要适当加高，然后再在原料上铺盖切短的秸秆 10~20cm。在原料装完后必须及时封闭，隔绝空气。窖装满后应立即修整，原料高出地面 1m 左右。压实后覆盖薄膜，然后马上压土或者废旧大车轮胎封窖。并与窖壁四周的薄膜交叉叠起，踏实成馒头形或用沙袋密封压实。封窖一般分 2 次进行，第 1 次在窖装满后立即进行，第 2 次隔 5~7d 再进行。

4. 使用与贮藏

一般经过 6~7 周即可发酵完成，在发酵的过程中要精心地管理，注意做好日常的观察工作，防止发生漏水漏气，影响青贮料的质量。青贮料调制成功后即可取料饲喂，在取料时要一层一层地取，并且要随用随取，取出后的青贮料不可再放置回去，并且在取完料后要将其立即盖好，防止发生腐败变质。

五、灌木嫩枝类

（一）柠条

柠条是豆科锦鸡儿属植物的俗称。本属种类均为多年生的灌木或半灌木，小叶排列成羽状或假掌状，托叶脱落或宿存并硬化成刺，花单生或簇生，花梗具关节，花冠常为黄色。具有生长快、抗寒、抗旱、耐贫瘠的特性，是我国北方干旱、半干旱地区水土保持、防风固沙用的先锋植物。柠条在我国分布也很广泛，主要分布在黄河流域以北干旱地区，西南和西北地区则以青藏高原为中心，少数种类分布在长江下游及长江以南。

柠条类植物的营养特点是营养物质含量较为丰富，但由于高木质素和难降解纤维物质障碍而饲用利用率低；柠条成熟枝条上宿存有硬化的托叶刺，且组织、细胞构造中含有大量的木质素和纤维素。因此，不经加工处理直接饲喂家畜，采食率和消化率低，饲用价值不大。可通过加工调制办法，改善柠条的饲用价值。切短、粉碎、揉碎处理：该类加工方法在柠条加工处理方法中最为常见，也是最基本的加工处理方式。物理加工处理虽然可以显著提高柠条饲草的采食率，但是不能破坏柠条超微结构中木质素与纤维素的连接键，对柠条消化率的影响并不十分明显。通过青贮、微贮和氨化处理技术也是提高其营养价值的重要途径。

（二）构树

构树又名楮树，属于桑科构树属，为我国广泛分布、适生性强的多年生落叶阔叶乔木。构树枝条众多，叶片丰富光滑无毛，嫩枝和叶具有白色浆汁，饲用价值较高。构树嫩叶中粗蛋白质（CP）含量约20%，整株植物CP含量较苜蓿草粉高约8%。与玉米秸秆等非常规粗饲料相比，构树为富含蛋白质、钙、铁等营养元素的一类纯天然、安全的饲料资源，可作为牛羊生产优质粗饲料来源。构树作为富含粗蛋白质的乡村木本饲料资源，其抗逆性好，割茬再生能力强，叶片柔软、适口性好。开发构树作为牛羊生产的优质粗饲料资源，“以树代粮”降低反刍动物精饲料中大豆精饲料用量，将是肉牛生态养殖、节本增效的新途径。

我国构树资源丰富，构树产叶量高，富含多种营养物质，生长过程中不施农药，因此构树叶经过加工处理后可以作为绿色、高效的饲料来源。但因其蛋白分子量大，分子结构复杂，畜禽食用后消化吸收利用率不高，并且粗纤维含量高，还具有一些抗营养成分，导致其适口性差，因而未作为饲料原料被人们广泛利用。因此想要开发利用构树资源，必须对其进行合理地加工处理，下面就构树加工方式进行论述。

1. 发酵

由于构树叶的蛋白质结构复杂，纤维含量较高，不宜直接饲喂畜禽，必须通过合理的加工处理才能提高其饲用价值。其中最有效的加工方式就是发酵处理，通过发酵可以将构树叶复杂蛋白质降解为氨基酸、小肽等易被畜禽吸收利用的形式，还能一定程度降解其纤维，且发酵过程中产生大量的芳香族物质，柔软多汁，适口性好，使构树成为广泛利用的绿色饲料资源。通过对构树叶进行发酵处理的研究发现，构树叶发酵后其粗纤维含量降低，粗蛋白质含量提高。综上所述，发酵处理可以提高构树的营养，降低其纤维和抗营养因子含量，提高构树饲料的适口性，增加饲料的采食频率。

2. 构树叶粉

构树叶粉是将构树叶在量质兼优时期采摘，经自然或人工干燥调制而成的能够长期贮存的粉状非常规饲料。为了满足各种不同饲喂对象和不同养分的饲料要求，各国都在寻求既有饲养价值而又经济的新饲料和蛋白质资源。在开拓饲料资源的过程中，人们对以构树叶为原料的叶粉产生了极大的兴趣。构树叶粉的开发利用在畜禽饲料的应用中占越来越重要的地位，它不仅是饲料中重要的优质蛋白饲料，而且有利于降低饲料中粮食比重，从而有效地控制饲料粮不断增加而导致饲料成本上升的局面。目前，加工构树叶粉多采用人工采摘构树叶（连同叶柄），晴天自然晾干，阴雨天采用65℃烘箱烘干，粉碎机粉碎制成构树叶粉。为了获得较好的构树叶粉，调制构树叶粉时可以参考干草的调制原则。

第三节　常用精饲料及其加工

在满足肉牛采食充足粗饲料的同时，合理饲喂一定量的精饲料可显著地提高育肥效果，提升牛肉产品的品质。下面就具体来了解一下肉牛精饲料的分类及其特点。

精饲料是反刍动物饲粮中提供蛋白质的主要饲料，准确测定反刍动物对蛋白质的利用情况可以减少饲料的浪费，节约成本。对于反刍动物，目前多采用瘤胃降解蛋白质（RDP）和瘤胃非降解蛋白质（RUDP）体系评估蛋白质的利用情况，该体系的核心是瘤胃蛋白质降解率的测定及 RUDP 体外小肠消化率的估测。

一、籽实类

用于饲喂肉牛的籽实类饲料的营养特点是含有丰富的淀粉，是肉牛重要的能量饲料。但是籽实类饲料的粗蛋白质含量低，并且品质不佳，钙的含量以及维生素 A 和维生素 D 的含量较少，因此，在饲喂这类饲料时要注意补钙。饲喂肉牛主要的籽实类饲料主要有玉米、高粱、大麦等。籽实类饲料在使用前要进行粉碎加工，在加工时要注意粉碎的粒度，不可磨得过细，否则会影响肉牛的消化率，改变乳成分，还会导致瘤胃酸中毒。

玉米是主要的能量饲料，其有效能的含量非常高，适口性好、粗纤维的含量低、易于消化，而且还含有丰富的维生素 E 和胡萝卜素、叶黄素，但是钙、赖氨酸的含量较低。玉米在粉碎后不易贮存，因此在使用时最好根据需要量情况进行加工，另外则要做好贮藏的工作，我国北方地区贮藏的玉米水分含量不可超过 18%，其他地区则不超过 14%。在饲喂玉米时要与其他类饲料混合饲喂，并且在加工时要注意不能粉碎过细。

大麦和玉米相比，粗蛋白质的含量和生物效价高，但是脂肪的含量低，粗纤维的含量较高，所以能值比玉米低。大麦也是饲喂肉牛等反刍动物的主要能量饲料，但是不宜饲喂单胃动物，在使用前为了提高其利用率要对其进行压扁或粉碎。

高粱的营养价值为玉米的 95%～97%，但是粗蛋白质的含量要高于玉米。高粱的饲用品质较差，适口性较差，在饲喂时要注意饲喂量，过量饲喂会导致肉牛发生便秘，因此，使用高粱时要限量饲喂。

二、农副产品

目前生产加工的一些副产品也是饲喂肉牛的主要精饲料，主要有麸皮、豆饼（粕）、棉籽饼（粕）等。

麸皮是小麦加工面粉后的副产品，主要成分为小麦种皮、胚和少量的面粉。其营养特点是蛋白质和纤维素的含量高，淀粉的含量少，并且含有丰富的B族维生素、维生素E、磷等，但钙的含量较少，因此在饲喂时要注意钙的补充。麸皮的适口性良好，因具有轻泻的作用，所以可预防便秘，并且还是母牛妊娠后期和哺乳期的首选饲料，尤其是产前、产后的母牛一般都饲喂麸皮汤。麸皮不易贮藏，容易发霉、腐败，在保存时要注意通风。

豆饼（粕）是在豆加工豆油后的副产品，是重要的蛋白质补充饲料。豆粕是经浸提法制油所得，其蛋白质的含量要高于豆饼；豆饼是压榨法制成的，其油脂的含量要高于豆粕。豆饼（粕）的特点是营养丰富、适口性好，但是含有抗营养因子，如胰蛋白酶、抗凝血因子等，因此在饲喂前要进行加热处理。

棉籽饼（粕）的粗蛋白质含量高，适口性好，含有丰富的B族维生素，可作为肉牛重要的蛋白质补充饲料。但是棉籽饼中含有毒性物质和抗营养因子，如棉酚，如果饲喂不当会导致肉牛贫血，影响生产性能。因此，在选择使用棉籽饼（粕）喂肉牛时要尤其注意用量，一般饲喂量以不超过精料的一半为宜，并且最好与谷物类饲料搭配使用。另外，还可以在饲喂前对棉籽饼（粕）进行脱毒处理。

三、糟渣类

渣类饲料是用甜菜、禾谷类、豆类等生产糖、淀粉、酒、酒精、醋、酱油等产品之后的副产品，具有来源广、价格低廉、适口性好等特点。目前，糟渣类饲料中以白酒糟和玉米DDGS在肉牛生产中应用最为广泛。

白酒糟是以小麦、高粱、玉米、谷物等为原料经过发酵提取酒精后的产物，其中残存了原料中绝大部分的营养物质，如蛋白质、脂肪、钙、磷等，还含有丰富的发酵产物，如酵母和活性因子等。据统计，全国2013年白酒的产量1 226.20万t。按生产1t白酒约产生10t酒糟的比例推测，一年可产生白酒糟为1亿t左右。由于发酵工艺的要求，白酒糟中添加了40%~50%的稻壳作为填充物，稻壳的存在降低了白酒糟的营养价值。国内关于白酒糟在肉牛上的应用研究较多。在杂交肉牛的快速育肥期，日粮中添加50%左右的白酒糟，不会影响肉牛的育肥效果，而在育肥肉牛日粮中添加70%左右的酒糟，可使其日增重达到1.2~2.0kg/d，用白酒糟替代基础日粮的30%时，肉牛的日增重水平最高。

玉米DDGS是以玉米为原料，蒸馏提取酒精后的残留物，其浓缩了玉米中除淀粉和糖以外的大部分营养物质，如蛋白质、脂肪、维生素、纤维及发酵中产生的糖化物、酵母等。据统计，目前国内玉米DDGS产能约为450万t，CP含量为26%~32%，具有较高的营养价值。已有的研究认为，DDGS替代精料中玉米的60%，虽然导致有机物的采食量降低，但对总消化道有机物消化影响不显著。当DDGS达到日粮的25%~30%时，肉牛的增重效果最佳，低于15%时的饲料转化效率最佳。在生长育肥牛的饲养试验中发现，饲喂湿DDGS的生长育肥牛的增重速度和效率均优于压片玉米。Cozzi等研究发现，与豆粕相比，玉米DDGS可以提供较好的过瘤胃蛋白质，且过瘤胃蛋白质中氨基酸的比例平衡较好，用DDGS替代部分玉米和豆粕，可使瘤胃内环境和瘤胃发酵状况得到改善。

豆腐渣。新鲜的豆腐渣粗蛋白质的含量约为3.4%，适口性良好，是饲喂肉牛的良好辅料，在饲喂时要注意不可过量，否则易引起腹泻。

甜菜渣是甜菜经榨汁制糖后剩余的残渣，能量的含量较高，另外还可增加肉牛饲料中纤维的含量，增进牛的食欲，可代替部分青贮料。

四、其他类饲料

除了以上几种重要的精饲料，饲喂肉牛的精饲料还有动物性饲料和微生物饲喂。其中动物性饲料主要有鱼粉、奶粉和乳精粉等，其特点是营养丰富，粗蛋白质的含量高、品质好、生物学价值高，无粗纤维，钙磷的含量多且比例适宜，可作为肉牛饲料的蛋白质补充。研究表明，在肉牛的日粮中加入5%~10%的动物性饲料，即可大大地提高蛋白质生物效价，降低生产成本；微生物饲料主要是指菌体蛋白，这类饲料的蛋白质含量高达40%~50%，其品质介于动物性蛋白质饲料与植物性蛋白质饲料之间，目前应用较多的微生物饲料为酵母，利用率可达50%~59%，其中蛋白质的消化率高达95%左右。

（一）主要矿物质和维生素饲料的特性

1. 矿物质饲料

矿物质饲料系指为牛补充钙、磷、氯、钠等元素的一些营养素比较单一的饲料。牛需要矿物质的种类较多，但在一般饲养条件下，需要量很小。但如果缺乏或不平衡则会影响奶牛的产奶量和肉牛的正常生长育肥，甚至可导致营养代谢病以及胎儿发育不良、繁殖障碍等疾病的发生。

(1) 食盐的主要成分是氯化钠。大多数植物性饲料含钾多而少钠。因此，以植物饲料为主的牛必须补充钠盐，常以食盐补给。可以满足牛对钠和氯的需要，同时可以平衡钾、钠比例，维持细胞活动的正常生理功能。在缺碘地区，可以加碘盐补给。

(2) 含钙的矿物质饲料常用的有石粉、贝壳粉、蛋壳粉等，其主要成分为碳酸钙。

这类饲料来源广，价格低。石粉是最廉价的钙源，含钙38%左右。在牛产犊后，为了防止钙不足，也可以添加乳酸钙。

(3) 含磷的矿物质饲料单纯含磷的矿物质饲料并不多，且因其价格昂贵，一般不单独使用。这类饲料有磷酸二氢钠、磷酸氢二钠、磷酸等。

(4) 含钙、磷的饲料常用的有骨粉、磷酸钙、磷酸氢钙等，它们既含钙又含磷，消化利用率相对较高，且价格适中。故在牛日粮中出现钙和磷同时不足的情况下，多以这类饲料补给。

(5) 微量元素矿物质饲料通常分为常量元素和微量元素两大类。常量元素系指在动物体内的含量占到体重的0.01%以上的元素，包括钙、磷、钠、氯、钾、镁、硫等；微量元素系指含量占动物体重0.01%以下的元素，包括钴、铜、碘、铁、锰、钼、硒和锌等。在饲养实践中，通常常量元素可自行配制，而微量元素需要量微小，且种类较多，需要一定的比例配合以及特定机械搅拌，因而建议通过市售商品预混料的形式提供。

2. 维生素饲料

维生素饲料系指人工合成的各种维生素。作为饲料添加剂的维生素主要有：维生素 D_3、维生素A、维生素E、维生素 K_3、硫胺素、核黄素、吡哆醇、维生素 B_{12}、氯化胆碱、尼克酸、泛酸钙、叶酸、生物素等。维生素饲料应随用随买，随配随用，不宜与氯化胆碱以及微量元素等混合贮存，也不宜长期贮存。

(二) 主要非蛋白氮饲料的特性

反刍动物可以利用非蛋白氮作为合成蛋白质的原料。一般常用的非蛋白氮饲料包括尿素、磷酸脲、双缩脲、铵盐、糊化淀粉尿素等。由于瘤胃微生物可利用氨合成蛋白，因此，饲料中可以添加一定量的非蛋白氮，但数量和使用方法需要严格控制。

目前利用最广泛的是尿素。尿素含氮47%，是碳、氮与氢化合而成的简单非蛋白质氮化物。尿素中的氨折合成粗蛋白质含量为288%，尿素的全部氮如果都被合成蛋白质，则 1kg 尿素相当于 7kg 豆饼的蛋白质当量。但真正能够被微生物利用的比例不超过 1/3，由于尿素有咸味和苦味，直接混入精料中喂牛，牛开始有一个不适应的过程，加之尿素在瘤胃中的分解速度快于合成速度，就会有大量尿素分解成氨进入血液，导致中毒。因此，利用尿素替代蛋白质饲料喂牛，要有一个由少到多的适应阶段，还必须是在日粮中蛋白质含量不足 10%时方可加入，且用量不得超过日粮干物质的 1%，成年牛以每头每日不超过 200g 为限。日粮中应含有一定比例的高能量饲料，充分搅匀，以保证瘤胃内微生物的正常繁殖和发酵。

饲喂含尿素日粮时必须注意：尿素的最高添加量不能超过干物质采食量的1%，而且必须逐步增加；尿素必须与其他精料一起混合均匀后饲喂，不得单独饲喂或溶解到水中饮用；尿素只能用于 6 月龄以上、瘤胃发育完全的牛；饲喂尿素只有在日粮瘤胃可降解蛋白质含量不足时才有效，不得与含脲酶高的大豆饼（粕）一起使用。

为防止尿素中毒，近年来开发出的糊化淀粉尿素、磷酸脲、双缩脲等缓释尿素产品，其使用效果优于尿素，可以根据日粮蛋白质平衡情况适量应用。另外，近年来氨化技术得到广泛普及，用 3%~5%的氨处理秸秆，氮素的消化利用率可提高 20%，秸秆干物质的消化利用率提高 10%~17%。牛对秸秆的进食量，氨化处理后与未处理秸秆相比，可增加 10%~20%。

第四节　饲料配制技术及推荐配方

肉牛育肥饲料配制及饲喂技术对促进肉牛的生长有着重要的作用，能够提高肉牛的生长性能、改善肉质，从而提高养殖经济效益。本节介绍了肉牛的饲料配制技术以及推荐配方。

肉牛的日粮组成主要包括以下 2 种，一是精料，二是粗饲料。两者的比例有着一定的要求，要根据育肥的方式及生理阶段进行确定。在精料中需要包含以下几种材料：一是 2~3 种蛋白饲料，二是 2~3 种能量饲料，三是 1~2 种粗饲料。根据调查研究显示，在我国肉牛育肥饲粮中，其蛋白质饲料基本能够实现多样化，但是都忽略了日粮中能量饲料的相互搭配，也不太重视饲料添加剂的应用。这些问题是导致饲料浪费以及肉牛生长较慢的一个关键原因，要引起养殖者的注意。

一、肉牛饲料配方的设计原则

（一）营养生理原则

（1）首先要考虑肉牛对能量的需求；其次，要考虑肉牛对蛋白质以及矿物质的需求。

（2）在能量与蛋白质的比例上尽可能保持平衡，即从日粮中获取的可利用能量和蛋白质之间的平衡，也可以说是碳（C）和氮（N）的平衡。在确保蛋白质水平的基础上，可以适当添加非蛋白氮饲料，以达到节约饲料蛋白质的目的。

（3）要重视能量与以下几种营养物质的相互关系，第1种是氨基酸，第2种是矿物质，第3种是维生素。要保持营养物质的相互平衡。

（4）要对饲料中的营养成分有一定的了解。

（5）要关注能量进食量，最好不要超过肉牛的需求标准。

（6）所设计的蛋白质进食量，可以适当超过标准的需求量，控制在5%~12%为宜。

（7）要重视肉牛的干物质采食量，重视其与饲料营养浓度的相互关系。干物质总采食量标准为肉牛每100kg体重供给2~3kg。干物质进食量不能超过标准的需求量，但也不能低于动物最低需要量的97%。

（8）饲料的组成尽量多样化，要确保适口性较好、容易消化。在通常情况下，含有的精饲料种类不少于3种，粗饲料的种类最好不少于2种。

（9）饲料的组成要保持稳定性。如果确定要更换饲料，那么就需要按照逐渐更换的原则进行。

（10）要控制饲料中粗纤维的含量。在通常情况下，以15%~20%比例为宜。

（二）经济性原则

在肉牛养殖生产中，因为饲料成本所占比重较高，在配合日粮时，要因地制宜，将饲料巧妙地利用起来，尽可能选择那些资源充足、质量稳定的饲料。要将当地的秸秆、饲草、农副产品、糟渣类等资源充分运用起来，这样既丰富了日粮种类，又可有效地降低饲料成本。

（三）安全性原则

（1）要确保饲料原料的安全性，对于危害肉牛机体以及人类健康的物质，不能用作饲料原料。

(2) 在添加剂方面，对于允许添加的，要按照相应的规定进行添加，预防这些成分经由肉牛的排泄物威胁到周边的环境，影响人类的健康。

(3) 对于一些禁止使用的原料、配料，严禁添加到肉牛的饲料配方当中。

二、合理的日粮组成

肉牛日粮的组成种类越多越能发挥不同饲料原料间的互补作用，也有助于提高日粮的适口性，同时还可避免在某一种饲料原料缺乏时引起日粮配方的大幅变动。因此，在选择肉牛日粮时除要充分考虑营养成分齐全和数量充足，还要尽量保持日粮原料组成的多样化。在满足肉牛营养需要的基础上保持尽可能高的粗饲料水平，有利于提高肉牛的健康水平。在同等条件下尽量选择价格低廉、供应充足的饲料原料。同时，一定要牢记在肉牛养殖的整个过程中国家法规明确禁止使用动物性饲料原料（除奶和奶制品以外）。所有饲料原料在使用前都应测定实际养分含量，以此作为配制饲料的依据。

（一）日粮组成的多样化

主要是对粗饲料而言的，因为在实际生产中肉牛标准化养殖场通常使用配制好的精料补充料，而且精料补充料的配制原料可选范围较窄。粗饲料由于需要量大，受来源的限制很容易出现组成单调、有什么喂什么的现象。日粮组成的多样化可以发挥不同类型饲料在营养特性上的互补作用，农谚“牛吃百样草，样样都上膘”就是对此的生动总结。同时，多样化的日粮组成也有利于提高日粮的适口性。通过多样化还可以将每种饲料的日采食量控制在合理范围内，从而避免某种单一饲料采食过多造成的消化代谢疾病。在实际生产中，要注意根据牛的体型大小、体重、生产阶段等予以调节。具备条件的肉牛标准化养殖场一般最好有粗饲料 2 种以上，青绿多汁饲料及辅料 2~3 种。由于不同批次的饲料原料特别是粗饲料营养成分变化很大，因此所有的饲料原料都应定期进行质量检测，以避免由于原料营养成分变化大导致肉牛出现营养不足或过剩。

（二）日粮粗纤维水平合理化

肉牛可以大量消化利用各种青粗饲料，而青粗饲料所含的粗纤维同样是维持瘤胃正常消化代谢所必需的。如果日粮粗纤维水平过低，就会导致肉牛反刍时间减少，唾液分泌量下降，从而使瘤胃 pH 值下降，造成瘤胃酸中毒和其他消化代谢病。农谚“草是牛的命，无草命不长”就是对此的生动描写。对于母牛，如果粗纤维采食不足，还会因日粮营养浓度过高使所采食的营养物质超出其正常需要量，导致母牛过肥、繁殖力下降甚至影响受胎。当然，日粮粗纤维含量也不是越高越好，粗纤维水平过高会导致日粮营养浓度低，所采食的营养物质不能满足肉牛快速生长的需要；另外还会影响精料补充料的消化和吸收，使饲料利用效率下降。

（三）原料价格低廉化、供应便利化

肉牛采食量大，1头体重500kg的肉牛1d的采食量以干物质计可达12~15kg，其中粗饲料需6~8kg，折合成新鲜的青贮饲料需24~32kg。如此大的采食量，使饲料成本占到肉牛养殖成本的70%以上。因此，饲料成本的轻微变化就能显著影响养殖的经济效益。在选购精料补充料和青粗饲料原料时，要在质量相差不多时尽量选购低价的饲料原料；在同等价格的基础上尽量选购性价比最高的饲料原料。同时，由于需求量大，所选用的饲料原料要确保供应充足，对于很多便宜但不能稳定供应的饲料原料尽量避免选择，频繁更换饲料原料对肉牛的健康和饲料利用都有不利影响。同时，运输半径要尽量短，以避免长途运输造成饲料原料成本大幅上涨。

三、推荐的饲料配方

（一）犊牛

犊牛初生时，瘤胃容积很小。瘤胃仅占4个胃容积25%，网胃仅占5%，重瓣胃占10%；同时结构发育很不完善，瘤胃黏膜乳头短小且柔软，瘤胃微生物区系尚未确立。此时，瘤网胃还没有消化作用，消化作用靠皱胃和小肠，与单胃动物消化功能相似。犊牛皱胃壁分泌胃蛋白酶的功能还很弱，只有凝乳酶参与消化过程。幼龄犊牛的小肠内还没有淀粉酶，消化淀粉能力差。

在母牛分娩后一段时间内（产后5~7d）所产的乳为初乳。初乳是犊牛不可缺少的食物。犊牛在出生之后1h内就需要吃到初乳，这样能够提升犊牛的抵抗力，能保证日后较高的增重。初乳的喂量要根据犊牛的代谢情况进行掌握，如果不影响犊牛的消化，那么可以尽量饮足。产后4~8d，假如仍然使用全乳来饲喂犊牛，那么可以让其自由饮用，以不引起下痢为标准。犊牛期要提供充足的水，出生后1周就可以开始训练饮水。最初是要饮用温开水，半个月之后可以饮用常温水。当肉牛达到1月龄时，可以自由饮水，但是水温不能低于15°C。为了防止犊牛出现腹泻的情况，可以在饲料中适量补充提高免疫力的添加剂。

据犊牛消化功能发育的情况，犊牛的营养需要可分为3个阶段。

（1）液体饲料饲喂阶段。犊牛全部或者必需的营养需要均由乳或代用乳

提供。这些饲料的质量可由于功能性食管沟的作用而得到保护，食管沟能使液体饲料直接进入皱胃，从而避免瘤-网胃微生物的降解破坏。

（2）过渡阶段。犊牛的营养需要由液体饲料和开食料二者共同提供。

（3）反刍阶段。犊牛主要通过瘤-网胃微生物的发酵作用从固体饲料中获取营养。

初生犊牛的消化系统和免疫系统尚未发育完善，体质较弱，抵抗力较差；故对营养元素和免疫因子的要求非常完善。犊牛瘤胃的发育关系到后期成年牛消化系统的容量和消化能力。因此，及早训练犊牛采食是刺激瘤胃发育、提高进食量的重要措施。犊牛出生后第 4 天提早补开食料或代乳料，并控制犊牛吃奶量和吃奶次数，迫使犊牛多吃开食料。在采食固体饲料时，大量微生物进入瘤胃，并逐渐形成正常的瘤胃微生物区系。犊牛瘤胃内碳水化合物发酵所产生的终产物特别是乙酸和丁酸是瘤胃发育的重要促进剂。

已知补饲精料型开食料是保证瘤胃快速发育和促进犊牛生长的重要技术手段。犊牛开食料分两种：一种是精料型开食料+优质干草；另一种是全混合型开食料。犊牛饲养提倡在早期饲喂干饲料，这有助于刺激瘤胃功能的发育。吸收挥发性脂肪酸（VFA）的瘤胃上皮组织的发育，取决于 VFA，特别是丁酸的存在。

开食料的化学组成和物理形式是非常重要的特性（表 3-1）。开食料应该是易发酵、碳水化合物含量较高的饲料，但必须含有足够的可消化纤维，以支持瘤胃发酵的正常进行，而瘤胃发酵又为维持瘤胃组织的适宜生长所必需。

当过量采食淀粉时，会引起腹泻。犊牛 2~3 周龄时即开始采食草料进行反刍，瘤胃、网胃迅速发育，瘤胃发酵开始。到 3 月龄时，瘤胃的容积显著增加，比初生时增加约 10 倍；约占 4 个单胃容积的 80%（真胃仅占 7%）。瘤胃上皮乳头也逐渐增加变硬，较完善的微生物区系逐步确立起来。研究表明，断奶后 3~6 月龄犊牛粗料 35%和 40%的胃肠道形态发育较好；且精粗比为65：35和 60：40 的颗粒饲料更适合 3~6 月龄犊牛的生长发育（表 3-2 至表 3-4）。

表 3-1　犊牛开食料配方及营养水平

原料组成	含量（%）	营养水平	含量（%）
玉米	35.0	干物质	87.74
豆粕	35.0	粗蛋白质	21.62
麦麸	27.0	粗脂肪	8.26
磷酸三钙	1.0	中性洗涤纤维	19.85

（续表）

原料组成	含量（%）	营养水平	含量（%）
磷酸钙	0.3	酸性洗涤纤维	7.66
食盐	0.7	钙	0.60
预混料	1.0	磷	1.34
合计	100.00	增重净能（MJ/kg）	1.41

参考文献：赵志伟，耿春银，耿凯，等．中草药和活性干酵母制剂对延边黄牛哺乳犊牛生长性能及血液指标的影响［J］．中国畜牧兽医，2023，50（9）：3613-3621.

表 3-2　犊牛日粮组成及营养水平

原料组成	含量（%）	营养水平	含量（%）
玉米	18.20	干物质	91.50
麦麸	4.10	粗蛋白质	13.15
豆粕	8.50	粗脂肪	3.75
菜籽粕	3.00	中性洗涤纤维	53.38
食盐	0.30	钙	0.58
预混料	0.30	磷	0.77
磷酸氢钙	0.60	小肠可消化蛋白质	10.70
全株青贮玉米	60.00	赖氨酸	0.42
花生秸秆	5.00	蛋氨酸	0.19
合计	100.00	综合净能（MJ/kg）	6.50

参考文献：罗进平，裴成江，李小冬，等．过瘤胃氨基酸水平对关岭犊牛生长性能、营养物质表观消化率及氮代谢的影响［J/OL］．饲料研究，2023（24）：1-6.

表 3-3　犊牛（12 月龄）全价颗粒饲料配方及营养组成

原料组成	含量（%）	营养水平	含量（%）
玉米	32.46	干物质	87.10
豆粕	6.19	粗蛋白质	10.54
预混料	1.0	钙	0.71
花生秸秆	20.00	磷	0.25

（续表）

原料组成	含量（%）	营养水平	含量（%）
玉米秸秆	40.00	中性洗涤纤维	46.33
食盐	0.1	酸性洗涤纤维	29.47
合计	100.00	综合净能（MJ/kg）	4.69

参考文献：郭万正，赵娜，李容，等．不同饲养方式及育肥期对安格斯公犊牛生产和屠宰性能的影响［J］．养殖与饲料，2023，22（11）：10-14.

表 3-4　犊牛精补颗粒料配方及营养组成

原料组成	含量（%）	营养水平	含量（%）
玉米	15.0	消化能（MJ/kg）	13.98
白皮纤维	10.9	干物质	86.0
米糠	12.0	粗蛋白质	18.12
玉米	52.0	粗脂肪	2.33
添加剂预混料	5.0	粗纤维	11.02
赖氨酸	0.2	粗灰分	8.63
石粉	2.0	钙	1.54
磷酸氢钙	0.5	总磷	0.48
食盐	0.6		
奶香香味剂、甜味剂	0.2		
人工乳	1.0		
复合多维	0.4		
益生菌	0.2		

参考文献：齐明，胡立国，汪晓斌，等．饲喂不同比例精补颗粒饲料对张掖肉牛哺乳犊牛生长性能、腹泻率和血液生化指标的影响［J］．甘肃畜牧兽医，2023，53（5）：64-68.

（二）生长育肥期与育成期

通常对于育成期的肉牛主要是指达到出生 4 个月以上肉牛，该阶段肉牛已经长成基本身体结构。目前国内利用杂交品种获得的肉牛不仅生长速度非常快，而且也极大提早其繁殖期，长肉比较快，同时处于不同生长期的肉牛，在营养物质方面也存在很大不同。在育成肉牛短期优势育肥中，要充分考虑肉牛不同生长阶段，对饲料比例做出科学调整。通常肉牛分为 3 个育肥阶段。

4~12 月龄肉牛胃容积增长速度较快，已步入性成熟期，具有较高的进食欲望，此时饲料投放应有效确保肉牛胃部充实，促进牛前三胃快速生长发育，为接下来的育肥工作奠定坚实的基础。此时应投喂粗饲料，并合理添加一些精饲料，按照 6 : 4 的比例调整，增加饲料的适口性。

12~18 月龄肉牛胃容积发育非常良好，且反刍能力越来越强，此时可提供 80%的粗饲料，并配合 20%的精饲料，这样对肉牛育肥快速生长有重要促进作用。

18 月龄以上肉牛身体基本定型，营养物质摄取主要是促进牛肉生长，此时应提供充足的粗饲料，让牛通过反刍更加充分地对饲料进行消化，控制与减少肉牛活动量，更加快速地生长，保证牛肉品质（表 3-5）。

表 3-5　架子牛短期育肥日粮配方

项目	前期	中期	后期
粗饲料			
全株玉米青贮（%）	76.19	80	71.43
小麦秸秆（%）	23.81	20	28.57
饲喂量（kg/d）	10.5	10	7
精饲料			
玉米（%）	54	65	70
小麦麸（%）	26	22	22
胡麻饼（%）	7	5	0
马芽豆（%）	10	5	5
食盐（%）	1	1	1
石粉（%）	1	1	1
预混料（%）	1	1	1
饲喂量（kg/d）	4.51	6.19	8.09
营养水平			
综合净能（MJ/kg）	6.4	6.79	7.30
粗蛋白质（%）	10.53	10.45	10.17
钙（%）	0.39	0.41	0.40
磷（%）	0.3	0.31	0.31

文献来源：王秉龙，等．架子牛短期快速育肥日粮配方筛选试验［J］．黑龙江畜牧兽医，2018（18）：57-60.

（三）母牛

母牛体内营养物质分配的次序是：维持活动–生长–产乳–繁殖。可见母牛要保持较高的繁殖性能，产出健壮的犊牛首先必须满足其维持、生长（对青年母牛而言）和产乳对营养物质的需求，对母牛进行整体的营养调控。孕期母牛的营养需要和胎儿生长有直接关系。胎儿增重主要在妊娠的最后3个月，此期的增重占犊牛初生重的70%~80%，需要从母体吸收大量营养。若胚胎期胎儿发育不良，出生后就很难补偿，增重速度减慢，饲养成本增加。

同时，母体体内需蓄积一定养分，以保证产后泌乳量。一般在母牛分娩前，至少增重45~70kg才足以保证产犊后的正常泌乳与发情。营养是影响母牛繁殖机能的一个重要因素。对母牛加强营养尤其是妊娠后期的营养，不仅能提高犊牛初生重和产仔成活率，而且有利于母牛产后早期发情配种，提高母牛繁殖成活率。通过对妊娠母牛（怀孕后期）进行科学合理的日粮饲养，可显著提高犊牛体重，使母牛产前体重得到明显提高，以利于产后体重恢复，提早发情，缩短产犊间隔。可见通过优化日粮、改善营养状况，可显著或极显著地提高母牛繁殖机能。

四、精料补充料加工配制步骤

（一）清理

在饲料原料中，蛋白质饲料、矿物性饲料及微量元素和药物等添加剂的杂质清理均在原料生产中完成，液体原料常在卸料或加料的管路中设置过滤器进行清理。需要清理的主要是谷物饲料及其加工副产品等，主要清除其中的石块、泥土、麻袋片、绳头、金属等杂物。有些副料由于在加工、搬运、装载过程中可能混入杂物，必要时也需清理。清除这些杂物主要采取的措施：利用饲料原料与杂质尺寸的差异，用筛选法分离；利用导磁性的不同，用磁选法磁选；利用悬浮速度不同，用吸风除尘法除尘。有时采用单项措施，有时采用综合措施。

（二）粉碎

饲料粉碎是影响饲料质量、产量、电耗和成本的重要因素。粉碎机动力配备占总配套功率的1/3或更多。常用的粉碎方法有击碎（爪式粉碎机、锤片粉碎机）、磨碎（钢磨、石磨）、压碎、锯切碎（对辊式粉碎机、辊式碎饼机）。各种粉碎方法在实际粉碎过程中很少单独应用，往往是几种粉碎方法联合作用。粉碎过程中要控制粉碎粒度及其均匀性。

（三）配料

配料是按照饲料配方的要求，采用特定的配料装置，对多种不同品种的饲用原料进行准确称量的过程。配料工序是饲料工厂生产过程的关键性环节。配料装置的核心设备是配料秤。配料秤性能的好坏直接影响着配料质量的优劣。配料秤应具有较好的适应性，不但能适应多品种、多配比的变化，而且能够适应环境及工艺形式的不同要求，具有很高的抗干扰性能。配料装置按其工作原理可分为重量式和容积式两种，按其工作过程又可分为连续式和分批式两种。配料精度的高低直接影响到饲料产品中各组分的含量，对牛的生产影响极大。其控制要点是：选派责任心强的专职人员把关。每次配料要有记录，严格操作规程，做好交接班；配料秤要定期校验；每次换料时，要对配料设备进行认真清洗，防止交叉污染；加强对微量添加剂、预混料尤其是药物添加剂的管理，要明确标记，单独存放。

（四）混合

混合是在生产配合饲料中，将配合后的各种物料混合均匀的一道关键工序，它是确保配合饲料质量和提高饲料效果的主要环节。同时在饲料工厂中，混合机的生产效率决定工厂的规模。饲料中的各种组分混合不均匀，将显著影响肉牛生长发育，轻者降低饲养效果，重者造成死亡。

常用混合设备有卧式混合机、立式混合机和锥形混合机。为保证最佳混合效果，应选择适合的混合机，如卧式螺带混合机使用较多，生产效率较高，卸料速度快。锥形混合机虽然价格较高，但设备性能好，物料残留量少，混合均匀度较高，较适用于预混合；进料时先把配比量大的组分大部分投入机内后，再将少量或微量组分置于易分散处；定时检查混合均匀度和最佳混合时间；防止交叉污染，当更换配方时，必须对混合机彻底清洗；应尽量减少混合成品的输送距离，防止饲料分级。

（五）制粒

随着饲料工业和现代养殖业的发展，颗粒饲料所占的比重逐步提高。颗粒饲料主要是由配合粉料等经压制成颗粒状的饲料。颗粒饲料虽然要求的生产工艺条件较高，设备较昂贵，成本有所增加，但颗粒配合饲料营养全面，免于动物挑食，能掩盖不良气味，减少调味剂用量，在贮运和饲喂过程中可保持均一性，经济效益显著，故得到广泛采用和发展。颗粒形状均匀，表面光泽，硬度适宜，颗粒直径断奶犊牛为8mm，超过4个月的肉牛为10mm，颗粒长度是直径的1.5~2.5倍为宜；含水率9%~14%，南方在12.5%以下，以便贮存；颗粒密度（比重）将影响压粒机的生产率、能耗、硬度等，硬颗粒密度以 1.2~1.3g/cm^3，强度以 0.8~1.0kg/cm^2为宜，粒化系数要求不低于 97%。

（六）贮存

精饲料一般应贮存于料仓中。料仓应建在高燥、通风、排水良好的地方，具有防淋、防火、防潮、防鼠雀的条件。不同的饲料原料可袋装堆垛，垛与垛之间应留有风道，以利于通风。饲料也可散放于料仓中，用于散放的料仓，其墙角应为圆弧形，以便于取料，不同种类的饲料用隔墙隔开。料仓应通风良好，或内设通风换气装置。以金属密封仓最好，可把氧化、鼠和雀害降到最低；防潮性好，避免大气湿度变化造成反潮；消毒、杀虫效果好。

在贮存饲料前，先把料房打扫干净，关闭料仓所有窗户、门、风道等，用磷化氢或溴甲烷熏蒸料仓后，即可存放。

精饲料贮存期间的受损程度，由含水量、温度、湿度、微生物、虫害、鼠害等储存条件而定。

（1）含水量。不同精料原料贮存时对含水量要求不同，水分大会使饲料霉菌、仓虫等繁殖。常温下含水量 15%以上时，易长霉，最适宜仓虫活动的含水量为 13.5%以上；各种害虫都随含水量增加而加速繁殖。

（2）温度和湿度。两者直接影响饲料含水量多少，从而影响贮存期长短。另外，温度高低还会影响霉菌生长繁殖。在适宜湿度下，温度低于 10℃时，霉菌生长缓慢；高于 30℃时，则将造成相当大的危害。

（3）虫害和鼠害。在 28~38℃时最适宜害虫生长，低于 17℃时，其繁殖受到影响，因此在饲料贮存前，仓库内壁、夹缝及死角应彻底清除，并在 30℃左右熏蒸磷化氢，使虫卵和老鼠均被毒死。

（4）霉害。霉菌生长的适应温度为 5~35℃，尤其在 20~30℃时生长最旺盛。防止饲料霉变的根本办法是降低饲料含水量或隔绝氧气，必须使含水量降到 13%以下，以免发霉。如米糠由于脂肪含量高达 17%~18%，脂肪中的解脂酶可分解米糠中的脂肪，使其氧化酸败不能作饲料；同时，米糠结构疏松，导热不良，吸湿性强，易招致虫螨和霉菌繁殖而发热、结块甚至霉变，因此米糠只宜短期存放。在存放时间较长时，可将新鲜米糠烘炒至 90℃，维持 15min，降温后存放。麸皮与米糠一样不宜长期贮存，刚出机的麸皮温度很高，一般在 30℃以上，应降至室温再贮存。

五、全混合日粮（TMR）配制及应用（以奶牛为例）

（一）全混日粮（TMR）饲喂牛的优点

TMR 是英文 Total Mixed Rations（全混合日粮）的简称。所谓全混合日粮（TMR）是一种将粗料、精料、矿物质、维生素和其他添加剂充分混合，能够提供足够的营养以满足牛需要的饲养技术。TMR 饲养技术在配套技术措施和性能优良的 TMR 机械的基础上能够保证牛每采食一口日粮都是精粗比例稳定、营养浓度一致的全价日粮。目前这种成熟的牛饲喂技术在以色列、美国、意大利、加拿大等国已经普遍使用，我国现正在逐渐推广使用。

与传统饲喂方式相比，TMR 饲喂牛具有以下优点。

1. 可提高奶牛产奶量

研究表明，饲喂 TMR 的奶牛每千克日粮干物质能多产 5%~8%的奶；即使奶产量达到每年 9t，仍然能有 6.9%~10%奶产量的增长。

2. 增加牛干物质的采食量

TMR 技术将粗饲料切短后再与精料混合，这样物料在物理空间上产生了互补作用，从而增加了牛干物质的采食量。在性能优良的 TMR 机械充分混合的情况下，完全可以排除牛对某一特殊饲料的选择性（挑食），因此有利于最大限度地利用最低成本的饲料配方。同时 TMR 是按日粮中规定的比例完全混合的，减少了偶然发生的微量元素、维生素缺乏或中毒现象。

3. 提高牛乳质量

粗饲料、精料和其他饲料被均匀地混合后，被奶牛统一采食，减少了瘤胃 pH 值波动，从而保持瘤胃 pH 值稳定，为瘤胃微生物创造了一个良好的生存环境，促进微生物的生长、繁殖，提高微生物的活性和蛋白质的合成率。饲料营养的转化率（消化、吸收）提高，奶牛采食次数增加，奶牛消化紊乱减少和乳脂含量显著增加。

4. 降低牛疾病发生率

瘤胃健康是牛健康的保证，使用 TMR 后能预防营养代谢紊乱，减少真胃移位、酮血症、产褥热、酸中毒等营养代谢病的发生。

5. 提高牛繁殖率

泌乳高峰期的奶牛采食高能量浓度的 TMR 日粮，可以在保证不降低乳脂率的情况下，维持奶牛健康体况，有利于提高奶牛受胎率及繁殖率。

6. 节省饲料成本

TMR 日粮使牛不能挑食，营养素能够被牛有效利用，与传统饲喂模式相比饲料利用率可增加 4%；TMR 日粮的充分调制还能够掩盖饲料中适口性较差但价格低廉的工业副产品或添加剂的不良影响，为此可以节约饲料成本。

7. 降低管理成本

采用 TMR 饲养管理方式后，饲养工不需要将精料、粗料和其他饲料分道发放，只要将料送到即可；采用 TMR 后管理轻松，降低管理成本。

（二）TMR 饲养技术关键点

管理技术措施是有效使用 TMR 的关键之一，良好的管理能够使牛场获得最大的经济利益。

1. 干物质采食量预测

根据有关公式计算出理论值，结合牛不同胎次、泌乳阶段、体况、乳脂和乳蛋白以及气候等推算出牛的实际采食量。

2. 牛合理分群

对于大型奶牛场，泌乳牛群根据泌乳阶段分为早、中、后期牛群，干奶早期、干奶后期牛群。对处在泌乳早期的奶牛，不论产量高低，都应该以提高干物质采食量为主。对于泌乳中期的奶牛中产奶量相对较高或很瘦的奶牛应归入早期牛。对于小型奶牛场，可以根据产奶量分为高产、低产和干奶牛群。一般泌乳早期和产量高的牛群分为高产牛群，中后期牛分为低产牛群。

3. 牛饲料配方制作

根据牧场实际情况，考虑泌乳阶段、产量、胎次、体况、饲料资源特点等因素合理制作配方。考虑各牛群的大小，每个牛群可以有各自的 TMR，或者制作基础 TMR+精料（草料）的方式满足不同牛群的需要。此外，在 TMR 饲养技术中能否对全部日粮进行彻底混合是非常关键的，因此牧场必须具备能够进行彻底混合的饲料搅拌设备。

（三）应用 TMR 日粮注意事项

1. 全混合日粮（TMR）品质

全混合日粮的质量直接取决于所使用的各饲料组分的质量。对于泌乳量超过 10 000kg 的高产牛群，应使用单独的全混合日粮系统。这样可以简化喂料操作，节省劳力投入，增加奶牛的泌乳潜力。

2. 适口性与采食量

奶牛对 TMR 的干物质采食量。刚开始投喂 TMR 时，不要过高估计奶牛的干物质采食量。过高估计采食量，会使设计的日粮中营养物质浓度低于需要值。可以通过在计算时将采食量比估计值降低 5%，并保持剩料量在 5%左右来平衡 TMR。

3. 原材料的更换与替代

为了防止消化不适，TMR 的营养物质含量变化不应超过 15%。与泌乳中后期奶牛相比，泌乳早期奶牛使用 TMR 更容易恢复食欲，泌乳量恢复也更快。更换 TMR，泌乳后期的奶牛通常比泌乳早期的奶牛减产更多。

4. 奶牛的科学组群

一个 TMR 组内的奶牛泌乳量差别不应超过 9~11kg（4%乳脂）。产奶潜力高的奶牛应保留在高营养的 TMR 组，而潜力低的奶牛应转移至较低营养的 TMR 组。如果根据 TMR 的变动进行重新分群，应一次移走尽可能多的奶牛。在白天移群时，应适当增加当天的饲料喂量；夜间转群，应在奶牛活动最低时进行，以减轻刺激。

5. 科学评定奶牛营养需要

饲喂 TMR 还应考虑奶牛的体况得分、年龄及饲养状态。当 TMR 组超过一组时，不能只根据产奶量来分群，还应考虑奶牛的体况得分、年龄及饲养状态。高产奶牛及初产奶牛应延长使用高营养 TMR 的时间，以利于初产牛身体发育和高产牛对身体储备损失的补充。

6. 饲喂次数与剩量分析

TMR 每天饲喂 3~4 次，有利于增加奶牛干物质采食量。TMR 的适宜供给量应大于奶牛最大采食量。一般应将剩料量控制在 5%~10%，过多或过少都不好。没有剩料可能意味着有些牛采食不足，过多则会造成饲料浪费。当剩料过多时，应检查饲料配合是否合理，以及奶牛采食是否正常。

第四章　肉牛饲养管理技术

对肉牛进行分群饲养不仅便于统一饲养管理，还可以有效提高饲料的利用率，发挥肉牛增重和产肉的潜力。按其消化生理特点，肉牛划分为犊牛、育成牛、育肥牛和繁育母牛等生理阶段。在生产中，饲养管理主要针对不同生理阶段进行的。

第一节　繁育母牛饲养

繁育母牛的饲养关系到牛源的稳定供给和肉牛产业的可持续发展。提高母牛繁殖效率，增加优良犊牛的生产率是提升肉牛养殖效益的关键。繁育母牛的饲养管理目的是提高母牛的繁殖率，提高母牛的哺乳能力，为犊牛的生长发育提供充足的乳汁，从而提高犊牛的健康水平和成活率，为肉牛养殖提供丰富的牛源，促进肉牛养殖行业的健康稳定发展。

一、繁育场母牛的选择

选择繁育母牛，需要从本地的母牛中选择最优秀的品种，在条件允许的情况下还可以引进外地的优秀品种，也可以选择优秀的杂交品种。在母牛的个体要求方面，需要保证其具备良好的发育情况、拥有健壮的体质与较大的体型等，确保母牛的体质条件不会对其繁殖能力造成影响。

二、母牛日常管理要点

在母牛饲养的过程中，科学的日粮搭配可保证母牛营养的均衡摄入。在进行繁育母牛日粮配制时，需精粗饲料合理搭配，以确保母牛有足够的微量元素及维生素等营养物质的摄入。在饲养母牛的过程中，要结合其生理阶段，选择科学的饲养方式，以此确保母牛在各个生理时期都有充足的营养摄入。

（一）为母牛提供良好的生存环境

肉牛繁育场需要为母牛提供健康、舒适及自由的生存环境。提高圈舍与运动区域设计的合理性，能够为母牛提供足够的自由活动空间，可促进母牛体质的增强，有利于母牛繁殖能力的提高。与此同时，在圈舍的设计中，还需要增加防暑降温设施与保暖御寒设施，确保圈舍具有良好的通风性，并保证圈舍内的温度与湿度适宜，为母牛创造冬暖夏凉、通风与采光性良好的环境。

（二）对圈舍采取严格的清洁与消毒制度

为了防止环境中的细菌与病毒对母牛的健康产生不利影响，必须采取严格的消毒制度，通过定期与不定期消毒相结合的方式，对所有与母牛生产接触的人员、物品、器具等进行严格的消毒，防止病原微生物的滋生。在母牛饲养过程中，应当对产生的污水与粪便进行及时清理，将清洁环境与排污设施隔离开，并将排污道与雨水道分开，提高饲养环境的安全性，保证母牛的健康。

（三）对常见疫病进行有效的防治

对于母牛的常见疫病，需要采取预防为主、防治结合的方案。因此，需要为母牛制定长期有效的疫病防治措施，做好牛口蹄疫等常见疫病的预防与治疗工作。与此同时，必须实现养殖场与外界环境完全隔离，在引进新的母牛时，必须对其进行一段时间的隔离，在确定其未感染任何疫病，方可将新引进的母牛与原有母牛一起饲养，如果母牛中出现疑似患病的个体，必须尽快采取隔离与治疗措施。

三、母牛配种季节的饲养管理

在正常情况下，母牛的发情周期通常为18~24d，其平均发情周期为21d。与此同时，母牛的配种可分为自然交配与人工授精两种主要方式，其中自然交配的成功率要高于人工授精。而由于种公牛的养殖成本过高，因此，大部分肉牛繁育场不会选择自然交配的方式为母牛配种，而更加青睐人工授精的配种方式。为了有效地提高配种成功率，需要根据具体的发情时间采取合理的配种方式，促进肉牛存栏量的提升。对产犊到再次发情的时间进行限定，对于一年均衡产犊十分重要，60d较为理想。为保证每年冬季之前当年生断奶犊牛出栏，建议母牛配种时间：每年5—6月必须配上种。如果第一次和第二次人工授精未受孕，需立即选用合适公牛进行本交。

四、妊娠期饲养管理

母牛的饲养是一个长期而复杂的过程，必须根据不同生理阶段的母牛对营养的需求为其提供合理的短期营养，在保证母牛获得足够生长必需营养的同时，根据母牛、胎儿以及繁殖力等因素的要求，对营养供给进行科学规划，有效地提高母牛的繁殖能力，进一步提高养殖经济效益。

母牛妊娠期饲养管理的目的是避免母牛流产，促进胎儿的生长发育。母牛的妊娠期可分为妊娠前中期和妊娠后期。妊娠母牛饲养管理重点是保持适宜体况，做好保胎工作。加强对妊娠母牛各时期的饲养管理，满足母牛和胎儿营养需要。

（一）妊娠前中期（从受胎到怀孕 26 周）

在正常情况下，在妊娠前期胎儿的增重较慢，中期以后胎儿的增重开始加快，胎儿的增重主要在妊娠最后 3 个月，此期增重占初生重的 70%~80%。所以，在饲养上，妊娠前期 6 个月不必为妊娠母牛过多补充营养，只要使妊娠母牛保持中上等膘情即可。在妊娠前期的营养供应与空怀期一致即可，保持妊娠母牛中等膘情，此时忌饲喂过量，否则会导致妊娠母牛的体况过肥，对胎儿的生长发育不利，易引发难产。以优质青粗饲料为主，适当搭配少量精补料，每天饲喂 2~3 次。同时增加维生素 A、B 族维生素、维生素 D 等多种维生素，增加钙磷及微量元素的补充。粗饲料主要有青绿饲料与农作物秸秆等，这些饲料的选择最好采用就地取材的方式，不但能够保证饲粮的新鲜，防止饲料出现变质或发霉的情况，而且可以有效地降低养殖成本。如果是以放牧或半放牧为主的，在青草季节应尽量延长放牧时间，在枯草季节，应根据牧草质量、状况和牛的营养需要确定补饲精料的种类和数量。妊娠母牛应保持中上等体况即可，不宜过肥。同时应做好保胎工作，预防流产或早产。妊娠后期母牛应做到单独组群饲养，避免撞击腹部，雨天不放牧。不喂霜、冻、变质饲料，不饮带冰碴的水。每天保证适当的运动，让其自由活动 3~4h。

（二）妊娠后期（27~38 周龄）

在妊娠最后 3 个月，则需增加营养需要量，以满足胎儿生长发育所需，同时使母牛体内蓄积一定的养分，以保证产后的泌乳。如果营养不足，将造成胎儿生长发育不良，出生后也难以得到补偿。

母牛到了妊娠后期，胎儿的生长发育速度变快，对营养的需求量增加，同时此阶段还是产后泌乳营养的储备阶段，此时要加强妊娠母牛的饲喂工作，在提供充足优质粗饲料的前提下，还要增加精料的饲喂量。妊娠母牛在冬季因长期吃不到青草，易出现维生素缺乏症，对胎儿的生长发育不利，因此需要额外地添加营养性的饲料添加剂，以补充营养的缺失。

妊娠后期以青粗饲料为主，搭配精补料以及多种维生素、钙磷等矿物质、微量元素等，以满足孕牛以及胎儿对营养物质的全面需求。精补料饲喂量多少应根据体况和粗饲料的质量来确定。自由饮水，水温应在12~14℃。避免饲喂酒糟、一些发霉饲料和冰冻饲料等。

（三）围产期

围产期母牛饲养管理重点是预防流产、胎衣不下、产后瘫痪，促进母牛体况恢复。

围产前期（产前半个月至分娩）需要做好对妊娠后期母牛的运动和保胎工作。妊娠充足和适当的运动可增强母牛体质，促进胎儿正常的生长发育，应避免过肥和运动不足出现难产等；无论是舍饲还是放牧，都要防止对母牛的惊吓、奔跑和挤撞；对临产前母牛注意观察，保证安全分娩，为防止有些初产母牛的难产，要做好助产准备工作。在运动时要注意防止母牛运动过量，在运动时也要注意避免母牛发生相互顶撞，工作人员对待母牛也不可粗暴，以免母牛发生流产。

围产后期（产后半个月）应让母牛自由采食优质干草，产后3d开始，补充少量混合精料，逐渐增至正常，产后15d精补料喂量达到体重的1%左右。

在母牛分娩前要做好母牛的观察工作，以准确掌握母牛的分娩时间，便于做好接产的准备工作，从而确保母牛能够顺利安全地分娩。产前15d左右，将母牛转入产房，自由活动。在母牛分娩时，应左侧位卧，用0.1%高锰酸钾清洗外阴部，出现异常则需助产。分娩后应驱赶母牛让其站立，加强管理，使母牛完整排出胎衣和恶露。若胎衣完整排出后，要用0.1%高锰酸钾消毒母牛外阴部和臀部，随时观察粪便，若发现粪便稀薄、颜色发灰、恶臭等不正常现象，则应减少或停喂精补料。

五、哺乳期母牛饲养管理

带犊繁育体系是我国肉牛母牛及犊牛的主要生产体系。母牛进入哺乳期后主要的饲养管理目的是促进母牛乳汁的分泌，防止母牛的体重损失过大，为犊牛提供充足的乳汁，防止母牛在断奶后发情排卵异常，确保母牛保持较高的繁殖性能。母牛在分娩后即进入哺乳期，母牛产后的护理工作对母牛的繁殖性能影响极大，因此要做好接产和产后的护理工作，促进犊牛快速生长和母牛及早发情配种。

（一）对临产母牛做好产房准备和管理

对即将临产母牛应准备产房和产栏，产房要宽敞、卫生、保暖、安静、做一定的消毒，地面铺柔软干草。母牛应在临产前 1～2 周进入产房，喂易消化的饲草饲料，如优质青干草、苜蓿干草，精料喂量可适当增加，但不宜过多。对进入预产期的母牛要每天定期、定时坚持观察，尤其是夜间更为重要，防止出现冬季和早春季节出生牛犊的冰冷受凉现象发生。

在分娩时要尽可能地让母牛自行分娩，接产人员做好观察工作，如果发生难产，则要科学助产。产后要观察胎衣是否排出，还要观察好产后恶露的排出情况。母牛在产后要避免过度劳累，有适当的运动即可。

（二）饲养管理要点

母牛在分娩后消化能力较差，食欲不佳，需要饲喂易于消化的日粮，并且要在产后少量饲喂，逐渐地增加饲喂量，一般在 3～4d 恢复正常的饲喂。根据母牛泌乳情况合理饲喂，要保证饲料营养充足和饲料的种类多样化，为犊牛提供充足的乳汁，防止母牛体重损失过大。母牛分娩 2 周后，日粮中要保证充足的粗蛋白质以及钙、磷、微量元素和维生素等，粗饲料主要以青绿、多汁饲料为主。保证母牛充足的饮水。

针对放牧哺乳母牛，在有条件的地方，哺乳母牛夏季应以放牧管理为主。在放牧季节到来之前，要检修房舍、棚圈及篱笆；确定水源和饮水后休息场所；母牛从舍饲到放牧要逐步过渡，夏季过渡期要 7d，冬季过渡期 10～14d。每天放牧时间从 2h 逐渐过渡到 12h。过渡期内要用粗饲料弥补放牧不足；不要在有露水的草场上放牧，也不要让牛采食大量易产气的幼嫩豆科牧草。

肉牛繁育场母牛饲养管理要从多方面进行控制，实施科学化管理措施。保持充足的养分摄入的同时，建立良好的养殖环境，做到各个环节的精细化管理。

第二节　犊牛饲养技术

养牛业的发展离不开母牛繁育犊牛，饲养母牛的经济效益就在于犊牛的价值。养殖一头母牛的经济效益主要通过犊牛的价值来体现。如果犊牛发育不良甚至死亡，养殖效益要大幅下降。犊牛阶段是牛发病率和死亡率最高的时期，做好犊牛出生到断奶这段时间的饲养管理尤为重要。

犊牛是指出生至 6 个月以内的小牛。此时的犊牛生理机能处于快速变化的阶段，对外界环境和疾病的抵抗力差，死亡率高，是最难饲养的阶段；但此阶段犊牛的可塑性大，是一生中相对生长强度最大的阶段，其饲养管理方式和营养水平关系到以后生产性能的发挥。犊牛是生长发育的第一阶段，也是能否成长为肉牛的关键阶段，该阶段的主要任务是：尽量吃到足量初乳，提高犊牛成活率；适时断奶，促进胃肠道发育；断奶后采取科学饲养，培育合格犊牛群。

一、犊牛消化生理特点

犊牛经历了从母体子宫环境到体外自然环境，由靠母乳生存到靠采食植物性为主的饲料生存，由反刍前到反刍的巨大生理环境的转变，各器官系统尚未发育完善，抵抗力低，易患病。犊牛处于组织器官的发育时期，可塑性大，良好的培育条件可为其将来的高生产性能打下基础，如果饲养管理不当，可造成生长发育受阻，影响终生的生产性能。新生犊牛由于其体内各个内脏器官功能发育尚未完全，免疫力低，极易导致各类疾病发生。

犊牛的生理特点表现如下。

（1）犊牛抗病力差。由于胎盘屏障，犊牛出生前不能从母体血液中获取免疫球蛋白，因此犊牛初生时身体抵抗力较差，且缺乏脂溶性维生素（维生素 A、维生素 D、维生素 E），这些物质必须从初乳中获得，因此应该尽早让犊牛吃到足量初乳，这是提高犊牛成活率的关键。

（2）犊牛对饲草饲料的消化能力差。新生犊牛真胃容积相对较大，约占 4 个胃总容积的 70%，瘤胃、网胃和瓣胃的容积很小，仅占 30%，而且消化机能不完善。

（3）犊牛神经和免疫系统机能不健全。对病原菌的抵抗力差，对外界高温、低温等不良环境的适应性不强。

（4）犊牛相对增重快，体重变化明显。犊牛出生时和成年牛相比头较大，四肢较长，尤其后肢更长，肌肉发育一般，少有脂肪沉积。在正常的饲养条件下体重迅速增加，8 周龄左右断奶时体重可为初生重的 2 倍。

二、新生犊牛护理

新生犊牛指出生后 3 日龄以内的犊牛，饲养管理目标主要是提高犊牛成活率。

（一）做好犊牛的接生工作

犊牛出生后，使用干净干草或毛巾擦拭犊牛口腔、鼻孔的黏液，保证顺畅的呼吸。一般小牛都会自然扯断脐带，倘若没有则需要人工进行剪断，在距离脐带 8～10cm 处剪断脐带，断脐后立即使用碘酒对脐部消毒。让母牛舔干犊牛身上的黏液。除此之外，对于刚出生的犊牛，还必须做好保温工作，提供松软、保暖性能好的垫料。在母牛难产时，要及时进行助产。

（二）难产情况的处理

1. 难产情况的判断

首先判断胎儿胎位，是正生还是倒生。如果母牛腹中胎儿呈正生姿势，对其进行产道检查时能够触摸到胎儿的嘴唇和两前肢；如果用手进行产道检查可触摸到胎儿的脐带或肛门、尾巴和后肢，则诊断胎儿为倒生状态。

然后判断胎儿头颈、腕关节、肘关节等部位状况。如果母牛腹中的胎儿将两前蹄伸入产道，而头却弯向躯干的一侧、下方、后方的情况，可以诊断胎儿为头颈侧弯性难产。发生这种情况的难产占母牛难产的一半。如果母牛腹中的胎儿头颈位于骨盆的一侧，并没有进入产道，在母牛阴门口仅仅可见胎儿的蹄部，而头和唇部却不可见，胎儿头颈侧弯的方向为胎儿蹄部伸出阴门较短的一侧，对母牛进行产道检查时，可以在其自身胸部的侧面摸到胎儿的头部。腕关节、肘关节屈曲难产包括一侧性或两侧性屈曲 2 种，主要是因为胎儿的 1 条或 2 条前腿屈曲没有伸直，而腕关节屈曲伴发肘关节屈曲，导致整个前腿呈屈曲的状态，导致肩胛部的体积增大而出现难产的情况。如果胎儿的两侧腕关节发生屈曲，在母牛的阴门仅可见胎儿的嘴唇部；一侧性腕关节错位，在母牛阴门处可见胎儿的一个前蹄和嘴唇，对母牛进行产道检查时，伸入产道的手可以触摸到胎儿的 1 条或 2 条前腿，而在母牛的耻骨前沿附近有屈曲的腕关节。

2. 助产方法

如果母牛处于无力分娩的状态时，术者应该将手伸入母牛的产道，然后将胎儿强行拉出。也可以给难产母牛注射催产素或垂体后叶素，如果有必要可以间隔 20~30min 之后进行 1 次重复注射。如果母牛腹中的胎儿姿势不正，头颈侧弯、胎畜两腿已伸出产道，而头颈弯向一侧，不能产出，术者将手伸入产道检查即可摸到。如胎头后仰或扭转严重，先将胎畜推进子宫，并进行矫正后，再以正位拉入产道。前肢以腕关节屈曲伸向产道引起难产时，将胎畜推回子宫，术者手伸入产道，握住不正前肢蹄部，尽力向上抬，再将蹄拉入骨盆腔内，便可拉直前肢。

3. 助产注意事项

对难产母牛腹中的胎儿进行矫正时，应该先把胎儿送回母牛产道或子宫腔内，然后对胎儿的方向、位置、姿势进行矫正措施。对母牛腹中的胎儿进行强行的牵拉时，术者应该配合母牛努责的节律，指导助手牵拉胎儿的力量、方向和时间，以免损伤母牛的产道。滑润产道并保护黏膜，可采用石蜡油注入难产母畜的产道内。矫正胎位没有希望以及子宫颈狭窄、骨盆狭窄，应该及时采取剖腹取胎手术，如果腹中的胎儿已经死亡的而且拉出确实很困难的，可以采用隐刃刀或纹胎器肢解分块取出。胎衣滞留时，应按胎衣不下治疗。产后多喂食易消化、营养丰富的精料。难产母牛生产后，由于体力消耗较大，尤应加强护理，使机体迅速恢复正常，并防止产后疾病的发生。

4. 难产的预防

怀孕母牛在生产之前要进行必要的检查，确定是否为初产母牛，了解母牛的健康状况、子宫收缩努责及产道的情况；检查后如果发现母牛难产，要确定掌握胎儿进入产道的程度，正产或倒产及姿势、胎位、胎向变化，确定胎儿的状态，根据具体的情况选择合适的助产方法。

母牛配种应该选择合适的种公牛，同时要求母牛的体重应该达到相应的标准，如果母牛已经达到初配的月龄，但是体重并没有达到要求的标准，就要将其配种的时间相应地延迟。总之，给母牛配种，必须综合考虑品种以及实际的饲养管理情况，然后选择合适的时间进行配种。

（三）尽早饲喂初乳

初乳是犊牛必不可少的营养物质，须及时足量供给，这是由初乳特殊的生物学功能和对犊牛重要的保健作用所决定的。初乳可以提高犊牛的抗病力，其中含有大量的免疫球蛋白，其中 IgG 占的比例最大。另外初乳中含有较多的镁盐，有轻泻作用，有助于犊牛排出胎粪。初乳深黄而黏稠，蛋白质、灰分等比常乳高，还含有较高的维生素 A 和胡萝卜素，含有丰富的营养物质，对犊牛健康至关重要。初生犊牛的真胃不能分泌盐酸，细菌易繁殖，初乳酸度既可刺激胃肠机能活动，还有抑制有害细菌的作用。

刚出生的犊牛自身抵抗力是十分弱的，而母乳中蕴含了大量抗体，刚出生的犊牛可以通过吸食初乳获得抗体，对疾病产生免疫。因此，犊牛出生后要尽早哺乳初乳并保证母乳的充足供应，在出生 0.5～1h 内需要吃到母乳，在 6h 内吃足 2 次。

肉牛场一般让新生犊牛自己直接采食初乳，但直接吮吸初乳，免疫球蛋白达不到需求，可以使用奶壶或灌服器饲喂初乳，确保犊牛初乳的摄入量。初乳饲喂量的多少，取决于初乳质量。一般肉牛初乳质量比奶牛更高，肉牛初乳中 IgG 的含量是奶牛的 3 倍。奶牛分娩后应及时收集初乳、保证初乳质量、饲喂次数并尽快饲喂。

初乳最好现挤、现喂，如果犊牛不会自己吸食母乳，可以将初乳挤出冻存，然后解冻加热至 38℃左右由人工喂养，保证其免疫水平正常。哺喂初乳应用经过消毒的喂奶器饲喂。初乳饲喂时间越晚，吸收率明显下降。因此犊牛出生后一定尽快饲喂初乳，最好在 3～6h 以内，6h 后饲喂，初乳的吸收率是明显下降的。

（四）保持良好的卫生条件

良好的犊牛培育，在犊牛出生前已开始，环境卫生有助于预防犊牛疾病（如腹泻），清洁的手、消毒的助产绳以及卫生的产房，十分必要。产房禁止用来隔离病牛，分娩过程需要非常干净的产房，这对降低感染风险有效。在分娩过程中或分娩后，阴道及子宫的感染，可能导致子宫内膜炎。助产时使用合适的润滑液，严格禁止使用肥皂或其他的消毒剂作为润滑剂。

三、哺乳期犊牛饲养管理

生产实际表明，犊牛死亡中约60%发生于哺乳期，这是由于哺乳期犊牛器官发育还不完善，对外界环境的适应能力不强，自身的免疫系统发育还不健全，抗病能力差，导致其容易患病死亡。如果对哺乳期犊牛的饲养管理不到位，会造成患病率和死亡率升高，严重影响肉牛养殖的经济效益。另外，新出生的犊牛消化系统还不健全，3~4周龄才开始出现反刍行为，瘤胃内的微生物区系开始形成，一般到5月龄时前胃才基本成熟。这一过程可以通过人为的干预使时间缩短，对于犊牛瘤胃的发育以及今后的生长发育和增重都有利。

（一）常乳饲喂

一般犊牛在吃7d左右的初乳后即进入吃常乳阶段，由于犊牛阶段胃结构的特殊性，犊牛在出生后4周左右的时间都要以吃母乳为主。在吃常乳时，可以使其随母牛哺乳、找保姆牛，也可以人工哺乳，如果母乳不足时可以选择找保姆牛。在选择保姆牛时要注意，选择泌乳量高、母性强、性情温驯、健康无病的母牛。对于2~3周龄的犊牛，可使用带有橡皮奶嘴的奶壶喂奶，注意奶嘴顶端不可剪得过大，否则犊牛吃奶不费劲会使乳汁溢入瘤胃，不但不利于消化吸收，还会引发疾病，严重时还会导致皱胃扩张、小肠梗塞，最终导致犊牛发生死亡。在每次喂奶前需要拴系犊牛，以免相互吸吮，并且在每次喂完奶后要使用干净的毛巾将犊牛的口、鼻周围擦拭干净，否则易引起犊牛间相互吸吮，形成恶癖，导致被吮部位变形、发炎。常乳的饲喂次数一般每天3次，每次饲喂量以体重的8%~20%为宜，不要饲喂过量，喂常乳的奶瓶或者奶桶要彻底地清理并且消毒。要控制牛奶的温度，尤其是在犊牛刚出生后的前几周对牛奶温度的要求较高，如果给犊牛喝冷牛奶易造成腹泻。

（二）犊牛早期补饲

犊牛生长发育到一定阶段对营养的需求量增加，此时需要补饲饲料以获得更加全面的营养物质。但是最初犊牛的瘤胃功能较差，对饲料的消化能力不强，因此需要逐渐补饲让犊牛有适应过程。尽早地让犊牛采食固体饲料可以使肠胃功能得到锻炼，促进肠胃结构和功能的发育。

1. 补饲栏的准备

犊牛出生 7 日龄后，在母牛舍内一侧或牛舍外，用圆木或钢管围成一个小牛栏。围栏面积以每头 $2m^2$ 以上为宜。与地面平行制作犊牛栏时，最下面的栏杆高度应在小牛膝盖以上、脖子下缘以下（距地面 30~40cm），第二根栏杆高度与犊牛背平齐（距地面 70cm 左右）。在犊牛栏一侧设置精料槽、粗料槽，在另一侧设置水槽，在料槽内添入优质干草（苜蓿青干草等），训练犊牛自由采食。犊牛栏应保持清洁、干燥、采光良好、空气新鲜且无贼风，冬暖夏凉。

2. 补饲技术

犊牛出生 15 日龄后，每天定时哺乳后关入犊牛栏，与母牛分开一段时间，逐渐增加精饲料、优质干草饲喂量，逐步加长母牛、犊牛分离时间。

（1）补饲精料。

犊牛开食料应适口性良好，粗纤维含量低而粗蛋白质含量较高。可购买犊牛用代乳料、犊牛颗粒料，或自己加工犊牛颗粒料，每天早、晚各喂 1 次。1 月龄日喂颗粒料 0.1~0.2kg，2 月龄日喂 0.3~0.6kg，3 月龄日喂 0.6~0.8kg，4 月龄日喂 0.8~1kg。犊牛满 2 月龄后，在饲喂颗粒料的同时，开始添加粉状精饲料，可采用与犊牛颗粒料相同的配方。粉状精饲料添加量：3 月龄 0.5kg，4 月龄 1.2~1.5kg。

推荐营养水平：综合净能≥6.5MJ/kg，粗蛋白质 18%~20%，粗纤维 5%，钙 1%~1.2%，磷 0.5%~0.8%。

（2）补饲干草

可饲喂苜蓿、禾本科牧草等优质干草。出生 2 个月以内的犊牛，饲喂铡短到 2cm 以内的干草，出生 2 个月以后的犊牛，可直接饲喂不铡短的干草。建议饲喂混合干草，其中，苜蓿草占 20% 以上。2 月龄犊牛可采食苜蓿干草 0.2kg，3 月龄犊牛可采食苜蓿干草 0.5kg。

补饲用的饲料要注意质量，要求易于消化、适口性好、营养丰富，补饲时不可饲喂犊牛过多的青贮料以及不易于消化吸收的秸秆类饲料，否则会导致犊牛出现腹泻、消化不良等问题。在补饲的过程中要注意观察犊牛的精神和排泄情况，以及时地调整饲喂方法和饲喂量。

（三）犊牛断奶技术

犊牛断奶时间要根据犊牛的生长日龄、体重、生长情况和采食量来决定，犊牛要发育良好，采食的饲料质量在犊牛体重的1%以上时，可以进行断奶；对于体弱多病或瘦小的犊牛要延长断奶时间。一般饲养管理条件好的养殖户或养殖场，都是在犊牛3~4月龄时开始断奶。

1. 断奶时间

肉牛养殖户一般多采用自然断奶，即让牛犊随母牛哺乳直到自然断奶，一般需要至少随母牛哺乳6个月才可以。牛犊随着生长吃奶量会越来越多，而母牛的泌乳压力则会越来越大，很多哺乳期的母牛都是瘦得一把骨头架子，这种情况下母牛多会推迟发情时间，一些母牛产后半年甚至更长时间不发情的原因便是在此。随着牛犊的不断生长，对营养需求变得越来越多，而且母牛乳汁营养价值会有所下降，因此牛犊需要采食部分草料来满足生长发育所需的营养。在正常情况下，牛犊3月龄时便可以采食较多的草料，牛犊采食能力较强或母牛膘情差、泌乳少的情况下可以选择3月龄断奶。具体断奶时间可视具体情况而定。例如牛犊体质差或冬季气温低则可以晚一些断奶，牛犊体质强且气温适宜则可以早一些断奶。

2. 断奶方式

犊牛断奶可分为一次性断奶和逐渐断奶两种方法，一次性断奶即将牛犊与母牛突然隔开断奶，其方法直接、简单，但对牛犊的应激相对较大，适合5~6月龄的较大牛犊，而3~4月龄或者更小的牛犊最好选择逐渐断奶，具体操作方法如下。

将需要断奶的牛犊与母牛隔栏分开，最好可以隔栏相见，每天3次将牛犊放入母牛栏进行哺乳，每次哺乳时间以1~2h为宜，而后每隔2~3d减少1次哺乳。当哺乳次数减少至每天1次时，可再逐渐减少每次哺乳时间，一般3~5d后便可让牛犊停止哺乳。在断奶期间一定要逐渐增加精料、草料喂量，为牛犊提供充足的营养，同时需要喂一些活菌制剂和电解多维，以增强牛犊的消化能力和抗应激能力。

犊牛在犊牛阶段，如果饲养管理跟不上、日粮供应不足、犊牛应激反应等，在犊牛最初几天可造成犊牛体重下降，影响犊牛正常生长，所以要加强饲养管理，供应足量、优质的日粮，使犊牛适应断奶到采食饲料的过渡。

3. 犊牛断奶后的饲养管理

(1) 饲喂方法。

在断奶后，要继续饲喂犊牛断奶前的饲料，而随着月龄的增长，要逐渐增加精料的饲喂量。在3~4月龄时，精料要每天增加到1.5~2kg，同时要选择优质的干草供其自由采食。在4月龄前，尽量少喂或者不喂青绿饲料；在4月龄后，可以改喂育成牛精饲料。当小牛有断奶应激反应时，没有必要担心，因为它逐渐适应植物饲料，摄入量增加，很快就会恢复。

（2）合理分群合群。

断奶前小牛是一个单圈饲料需要群体，在混合育种前分为喂养群体，合理聚类对饲料管理有很大的好处。合群和分群原则一般是按照犊牛的月龄和体重接近的犊牛安排在一起，一般每群控制在10~15头为宜。

（3）加强管理。

分群后采取散养方式，一般只需提供充足的饮水和饲料即可，饲料一定要保证新鲜和卫生，严禁投喂霉变、腐烂的饲料，让犊牛自由采食和饮水。在保证饲料质量的同时，也要保证圈舍环境卫生，每天要及时清扫，要定时消毒，减少疾病发生可能。另外，不管是成年，还是刚刚断奶的犊牛，除了要保证饲料充足，还需要有一定的运动量，一般每天不得低于2h，尽量避开中午高温时段和阴雨天，这样有利于犊牛骨骼发育和对钙元素的吸收。

4. 犊牛饲养管理要点

（1）水的充足供应。

随着哺乳量的减少，犊牛饮水量慢慢增加。应给犊牛提供干净的饮水，保证犊牛自由饮水。每次喂奶1~2h，喂饮适量温水，开始时人为控制饮水，防止胀肚，7~10日龄后逐渐自由饮水，夏季饮水量应从0.5kg/次增加到1.5kg/次，温度由30℃降至15℃，冬季由不饮水逐步增加到1kg，温度从35℃逐渐降至15℃，以适应自由饮水，防止下痢发生。

（2）确保良好的圈舍条件

由于犊牛生理机能还未完善，对于环境中的空气质量和温湿度的要求较高，如果温湿度过高，容易使犊牛出现缺水以及病原病菌的滋生，温度过低会导致犊牛感冒、腹泻等疾病，不利于犊牛的正常生长发育和之后的育肥养殖。保证圈舍的温度在20℃左右，湿度保持在60%左右，冬天圈舍内要有加温设备，同时在保证温湿度适宜犊牛生长的条件下，保证圈舍内的通风换气良好，对整个圈舍进行定期打扫和消毒灭菌。在夏季过于炎热时，应在圈舍内加放空调、风扇等降温设备，避免出现温度过高。

（3）做好犊牛常见疾病的预防。

犊牛自身免疫力低：初乳饲喂时间过迟；初乳喂量过低；初乳质量差等。犊牛舍传染性微生物过高：犊牛舍消毒不彻底；畜舍卫生条件差；通风不良等。饲养管理不当，引起营养性腹泻或感冒从而导致免疫力下降等。应激反应：难产、长途运输、环境改变等。

做好犊牛的疾病预防工作。犊牛的抗病能力较差，易受病菌的侵袭而感染疾病，犊牛阶段的患病率和死亡率均较高，因此，要加强疾病的预防。要做好免疫接种工作，根据本场的免疫程序接种疫苗，以提高机体的免疫力。另外，要做好日常的观察工作，包括犊牛的精神状态、采食情况和排泄情况，以便及时地发现问题、解决问题。

5. 母带犊饲养管理工艺技术要点

（1）饲养方式。

犊牛 7 日龄开始，母牛与犊牛实施分开饲养，犊牛栏与母牛栏相毗邻，每日上、下午各 1 次，定时将犊牛放入母牛栏内哺乳，每次哺乳时间 1~1.5h。给犊牛设置犊牛料补饲槽、饮水槽。犊牛自由采食犊牛料和优质干草，自由饮水。犊牛料少喂勤添，保持饲料的新鲜度。冬季哺乳犊牛水温控制在 20~30℃，断奶犊牛 10~20℃。母牛每日饲喂两次，自由饮水。带犊母牛群体以不超过 20 头为宜，饲养密度：母牛为 12~15m^2/头，犊牛为 2~4m^2/头。

（2）犊牛断奶。

犊牛每天采食犊牛料≥1.0kg，可实施断奶，断奶月龄 2~3 月龄为宜。犊牛哺乳期平均日增重≥0.7kg。犊牛断奶要循序渐进，不可突然断奶。可以通过减少哺乳次数的方法逐渐断奶，将每日哺乳 2 次减少至 1 次，3d 后断奶。

（3）日常管理。

圈舍环境保持干燥，且通风良好。北方寒区保持上方通风，防止贼风直接吹到牛体。母牛和犊牛趴卧区均要铺设干燥的垫草或垫料，保证母牛乳房卫生良好，防止犊牛腹部着凉。条件允许可在犊牛活动区加设供暖设备。7~10d，犊牛去角，最佳方法是去角枪去角，其次是去角膏。如果根据育肥目标有去势的要求，可用橡皮筋法实施早期去势，降低应激。在犊牛 20d 进行 1 次广谱驱虫。注重加强犊牛的免疫预防。如 20d 时肌注牛瘟苗；35~40 日龄时口服或肌注犊牛副伤寒菌苗；60d 时肌注牛瘟、肺疫、丹毒三联苗等。在此阶段，母牛体况评分 5~6 分为宜，低于 5 分，需要通过调整日粮营养水平等技术手段，改善母牛体况。同时，犊牛 2~3 月龄适时断奶亦有助于母牛产后复配，缩短母牛产犊间隔。

（4）母带犊饲养注意事项。

加强犊牛饲槽和水槽卫生管理，固定哺乳时间，母牛和犊牛的垫草垫料管理，保持圈舍良好的空气质量，降低犊牛腹泻和肺炎的发生概率。弱犊要适当推迟断奶时间，单独饲养管理，防止形成僵牛。天气不好也要适当推迟断奶。避免断奶、换料、分群 3 个处理操作同时进行，防止应激效应叠加，影响犊牛健康。

6. 北方寒区冬季新生犊牛（0~7d）管理技术

北方是肉牛养殖优势区域，肉牛具有耐寒的特点，但是对于冬季寒冷天气初生的犊牛，在管理方面要注重给犊牛提供保温舒适的环境条件，保证新鲜的空气质量，为犊牛健康生长提供良好的管理措施，减少犊牛腹泻和肺炎的发生概率。具体措施如下。

新生犊牛断脐、吃过初乳之后，即可放入犊牛岛（栏）内，岛（栏）内犊牛栏可以用可拆卸的材料围成，也可以购买犊牛岛。岛（栏）内上方安置 50~100W 的保温灯，岛内温度 20~25℃，随着日龄的增加，逐渐过渡到室温。垫草要柔软，厚度不低于 30cm。给新生犊牛提供温暖舒适的休息环境。

产栏内铺设不低于 30cm 厚的干燥垫草，保证母牛乳房卫生。采用房檐下通风或者上方通风方式，防止贼风吹到牛体，同时保证舍内空气新鲜。每日上午和下午两次清理产栏和犊牛岛（栏）内被粪尿污染的垫草，同时铺设新的干燥垫草。

舍内有产栏设施，并且产栏内或者产栏外设有犊牛可以自由出入的犊牛岛（栏），犊牛岛（栏）上方悬挂可以自动控制温度的保温灯。

注意事项：保持犊牛栏或者岛内，以及母牛趴卧区垫草干燥，厚度不低于 30cm。3d 以内犊牛，岛内温度 20~25℃，随着日龄的增加，逐渐过渡到室温。犊牛转群之后，彻底清除产栏和犊牛岛内垫草，晾干地面，并撒上生石灰，上方再铺设不低于 30cm 厚的垫草。

第三节　育成牛饲养管理

育成期是牛投入生产利用前的准备时期，管理得好坏直接影响母牛繁殖和未来的生产，所以做好育成牛的饲养管理，是养殖场养好牛的关键。

一、育成牛生长发育特点

犊牛断奶至第一次配种的母牛称为育成母牛。育成牛阶段是肉牛生长发育最迅速的阶段，精心的营养与管理，不仅可以获得较快的增重速度，而且可以使犊牛得到良好的发育。

育成牛到达配种月龄（15 月龄）时，后备母犊体重应达到成年体重的 65%，到达初次产犊月龄（24 月龄）时，初产母牛体重应达到成年体重的

85%，要根据青年母牛盆腔面积大小，选择不同初生重的公牛进行配种。

二、育成牛饲养技术

育成期母牛在不同年龄阶段的生长发育特点不同，因此对于营养的需要也存在较大的差异。一般分为6~12月龄和13~18月龄两个阶段。

（一）育成牛6~12月龄

此阶段是犊牛培育的继续，刚断奶的犊牛由于前胃的发育尚未充分，消化能力有限，因此饲料变化不宜过于突然，育成牛应以青粗饲料为主，喂给优质的禾本科与豆科干草或青草，并适当搭配精饲料，以刺激前胃的发育，满足其生长发育对营养的需要。

在此时期，母牛的性器官和第二性征发育很快，体躯向高度和长度两个方向急剧生长，其前胃已相当发达，容积扩大1倍左右，利用青、粗饲料能力明显提高。因此，在营养上要求既要能提供足够的营养，又必须具有一定的饲料容积，刺激前胃的生长。

此阶段的饲养，日粮以青粗饲料为主，适当补喂精料。按每头牛100kg体重计算，日粮的喂量为：青贮饲料7kg/d，新鲜牧草3kg/d，优质干草2kg/d，啤酒糟2kg/d，精饲料1.5kg/d。

（二）育成牛13~18月龄

此时消化器官发育已接近完善，进入体成熟时期，生殖器官和卵巢的内分泌功能更趋健全，发育正常者体重可达成年牛的70%~75%（即可配种）。

育成牛的培育，原则上既不能过量饲喂，也不能营养不足。营养不足，母牛不能得到必需的营养物质，生长发育受阻，表现为到配种年龄时体重过小，发情周期推迟。营养过剩，育成牛获得过多能量，体脂肪储存而过肥，母牛发情配种不易受胎，成年后产犊时发生难产。

此阶段牛的消化器官更加扩大，瘤胃的发育接近成年牛，采食量大，消耗能量大。所以，日粮以粗饲料和青饲料为主，并配以营养均衡且全面的混合精料。按每头牛的体重400kg计算，其日粮喂量为：青贮饲料15kg/d，新鲜牧草（或多汁饲料）6kg/d，干草4kg/d，精饲料2kg/d。同时也要注意补充钙、磷和微量元素。

三、育成牛的管理要点

育牛母牛的饲养方式要因地制宜，目前适用的饲养方式主要有放牧、舍饲和拴系，无论是哪种方式都要确保母牛有足够的运动量和光照时间，这对于提高母牛的繁殖力、确保母牛的健康、增强母牛的食欲等方面都有重要的作用。

（一）分群

育成母牛在管理上可以系留饲养，也可围栏圈养。将育成牛按年龄、体重、大小合理分群，上好耳牌，做好记录。把公母牛合理分开，进行集中统一管理。分群的主要目的是预防公母牛混在一起交配，产下不良的犊牛，影响下一代小牛的健康发育。

（二）增加育成牛每天的运动量

育成牛的运动可以强身健体，提高抗病能力，保证充足的运动量，对维持育成牛的健康发育和良好的体型，具有非常重要的作用。要确保育成牛每天的运动量不低于 2h。

（三）做好母牛的发情鉴定

每天抽出时间查看母牛群体的动态，认真观察母牛的发情，如发现母牛有相互爬跨，阴门流有透明黏液，直肠检查卵巢有卵泡发育，可以判定母牛发情，然后可以选择优秀的种公牛进行配种或采用人工授精技术进行输精。育成牛养到 16~18 月龄，体重达到成年体重的 70%以上，就可以第一次配种，这样可以有效提高母牛的繁殖力。

（四）每天刷拭牛体

刷拭牛体可以培养牛只变得温顺，让牛见到人时不惊慌，方便今后对牛群的管理，另外刷拭牛体还可以促进牛的血液循环和新陈代谢，保证牛的健康成长。所以每天刷拭牛体 1~2 次，每次至少 5min 以上。

（五）做好育成牛的修蹄

育成牛生产速度快，蹄质柔软，容易磨损。蹄部容易增生，造成牛脚痛，影响育成牛的生长性能，如果长期不修蹄，就会发生蹄叶炎、腐蹄病等。所以每年的定期修蹄很重要，至少每年进行修蹄 2 次。时间可安排在春秋季各 1 次，保证牛群的健康安全。

（六）做好称重和测体尺

育成牛每月定期称重，准确测量 12 月龄、16 月龄的体长，并做好记录存入档案。作为今后评定育成母牛生长发育状况的依据。一旦发现牛体型有异常，应及时查找原因，然后合理做好纠正，保证育成牛健康成长。

第四节　架子牛育肥技术

在肉牛的养殖过程中，为了实现优质高效的养殖目标，做好肉牛育肥期的饲养方法和管理十分重要。

青年牛育肥是指利用9月龄到2年以内的牛快速生长的特点，采取4~5个月的短期强度育肥，在体重达到450~500kg时出栏屠宰。此法充分利用了青年牛增重快、饲料报酬高、牛肉质量仅次于白肉等特点，是一种经济效益最高、我国目前应用最广泛的育肥方法。鉴于各地情况不同，以选择9~10月龄的杂种牛，给予以粗料为主的日粮，对农村地区是最为适宜的，故本节仅介绍基于此条件的育肥技术。

一、架子牛的选择

所有的牛都能进行育肥，但由于不同品种生长、消化和适应力特点的差异，其育肥效果是不同的，为了取得理想的经济效益，最好对育肥牛作适当的选择。

(一) 品种选择

纯种肉用牛能取得最好的育肥效果，如利木赞、西门塔尔牛、夏洛来牛、海福特牛等，其育肥期日增重均可达到2 500~3 000g/d，但这些牛种大多从国外引进，数量很少，直接育肥纯种牛显然会出现牛源不足。实践证明，我国地方牛种与引进纯种肉牛品种杂交的后代，生产性能得到很大提高，故推广地方牛种的肉用杂交改良，可提供充足的育肥用牛。

(二) 年龄

科学育肥的关键技术是充分利用牛的生长特性。不同年龄阶段的牛生长发育特点不同，故在饲养管理上有一定的区别，一般犊牛、育成牛、成年牛均可进行育肥，其效果的主要差异是饲养管理技术和肉品品质。一般认为最好的育肥年龄1~2岁，这种牛生长旺盛，生长能力比其他年龄高，所以肉牛业发达的国家均以生产2岁以内的肉牛为主。选择合适的纯种肉牛与本地牛的杂交后代。这种牛体型大、生长快、饲料利用率高，具有杂种优势。选择年龄在1.5~2.5岁、体重在250~350kg的牛。此类牛有较高的生长强势。

(三) 外形

选择骨架较大，但膘情较差的牛。公牛最好，阉牛次之，不选母牛。要求架子牛健康无病。目前，国内以肉牛的选择和杂交效果评定，均使用从肉用方面要求的体形结构评分，这里仅介绍最理想的适于育肥的牛的体形要求。体形要求中等以上体格，骨架显得较高、较长和较宽，周岁时表现出很旺盛的生长潜力，比较晚熟；肌肉发育程度，肌肉度丰硕，犊牛肌肉发达，肩和前肢肌肉突出，后躯内外侧丰满，发达的肌肉直到飞节处。膘情要求中上等，膘度好，背和臀部都呈方形，肩静脉沟、肘突、肋部内侧都较丰满，前胸，垂皮丰厚。

二、饲养方式

（一）拴系饲养

适于架子牛育肥，育肥牛采取短拴系，这样可减少牛的活动。一般缰绳拴系长度为50~60cm。入栏时按其大小、强弱，定好槽位。这种方式的优点是便于控制每头牛的采食量，可以个别照顾，减少互相争斗、爬跨现象，易于掌握每头牛的状况，但用工较多，牛舍利用率较低。

（二）散养圈养

将性别相同、体重和月龄相近的牛编为一组，放在一小圈内群养，一般每圈养10~15头，分组后相对稳定，全价日粮，自由采食和饮水，自由运动。这种方式的优点是节省劳动力，可提高牛舍利用率，牛采食有竞争性，有利于发挥每头牛的增重潜力，比较适于规模饲养，但有可能出现发育不整齐的现象。

（三）育肥方式

1. 持续育肥（12~18月龄出栏）

犊牛长到6月龄之后，体重达150~200kg，即转为青年育肥牛阶段。采用户外牛栏方式饲养育肥牛。8~10头牛一栏，每头占地面积3~5m^2，应固定槽位。自由采食，自由饮水。

6~12月龄，精粗饲料之比可为40：60，日粮仍以粗饲料为主，适当掺加精饲料。粗蛋白质含量占14%~16%。饲料中应注意补加钙、磷以及维生素A、维生素D和维生素E的给量。

12~18月龄，精粗饲料比例为60：40或70：30，日粮中粗蛋白质含量占11%~13%。采取精饲料定量，粗饲料自由采食的饲喂方法。育肥后期在牛出栏前1~2个月，可按日粮配方制成全混日粮，把各种饲料混合均匀后，每日定量一次投入，任牛自由采食。

2. 阶段育肥

阶段育肥技术是把肉牛育肥分为犊牛期、育成期和催肥期3个阶段。把精料集中在育肥阶段使用。犊牛自然哺乳 6 个月断奶。育成期一般在 12 个月以上，夏季放牧不补饲，冬季舍饲秸秆自由采食，酒糟 3～6kg，精料 1kg，预混料 0.2kg，混拌均匀饲喂。到 18 月龄左右，体重达到 350kg 时，转入集中育肥期。

3. 短期快速肥育

采取舍饲后期集中育肥，分适应期（10～20d）、育肥前期（30～40d）和肥育后期（40～45d）。选择 17～18 月龄，体重 350kg 左右的健康架子牛作育肥牛，育肥期 100d。以玉米青贮为主要粗饲料，育肥牛自由采食。精料组成为玉米 43.9%、棉籽粕 25.7%、麸皮 28.25%、钙磷粉 1.2%、食盐 0.95%。精料按牛只的实际体重每 100kg 喂 1.0～1.2kg。根据当地饲料资源条件，采用不同的育肥方法。常用的酒糟育肥法是以酒糟和秸秆为主要饲料，适当补喂精料，外加食盐、钙、磷、微量元素及维生素等添加剂。

（四）牛舍环境条件

育肥牛最适生长温度为 15～22℃，当舍温低于 15℃或高于 22℃时，对育肥牛的生长发育都有不同程度的影响。为提高冬、夏季架子牛的育肥效果，牛舍必须冬暖夏凉，冬季实行舍饲育肥肉牛，舍内温度应保持在 5℃以上。同时要注意舍内的湿度不能超过 65%，还要开通气孔保证氨气及时排出。夏季防暑降温，可在舍内安装电风扇或用凉水喷洒地面的方法降温，也可在棚舍上方加遮阴棚，避免阳光直射牛舍。

（五）育肥牛管理

肉牛育肥时如果能坚持“五定”“五看”“五净”“三观察”的原则，就能达到很好的育肥效果。五定：即定时、定量、定人、定时刷拭、定期称重。五看：指看采食、看饮水、看粪尿、看反刍、看精神是否正常。五净：即草料净、饲槽净、饮水净、牛体净、圈舍净。三观察：指观察牛只精神状态、观察食欲、观察粪便。

此外，要注意适时出栏，一般在育肥牛体重达到 500kg 以上时出栏。

（六）适时出栏

规模化肉牛养殖场要做到适时出栏，这样可以确保肉质，还可以避免育肥期过长影响养殖效益。一般当育肥牛出栏月龄不低于 18 月龄，体重在 500kg 左右即可出栏，具体出栏时间还需要根据实际的育肥情况来确定，一般肉牛达到牛体紧致、膘情适中时即可出栏。如果饲喂时间过长，肉牛过肥，则肉的品质下降，需适当限制饲喂，过瘦则体重和膘情不达标，需要适当地延长育肥期，调整日粮成分。注意，如果无法在短期内矫正肉牛过肥或过瘦的现象，则需要及时出栏，以免育肥期过长，影响效益。

三、架子牛育肥日常管理要点

（一）养殖方式

建议以围栏散养为主要养殖方式，在 12 月龄前的生长阶段给予充分运动空间，促进生长发育。从农户收购，进场初期的隔离观察阶段，应完成编号、驱虫、防疫、阉割等工作。

（二）分群饲养

1. 分群的必要性

我国的肉牛标准化养殖场普遍存栏规模较小，多数在千头以下，而且以从外面购入架子牛进行中短期育肥的养殖模式为主体。在当前全国肉牛存栏大幅下降，架子牛供应减少，收购日趋困难的情况下，标准化养殖场购入的肉牛品种、年龄和体重千差万异，有的养牛场就像是肉牛品种的展览馆。由于养殖周期长，投资大，见效慢，采取自繁自养的肉牛标准化养殖场一般养殖规模更小，很少能够做到整群牛的品种、年龄、性别和体重等都相近。

由于不同的品种及其杂交后代在耐粗性、适应性、耐热性、耐寒性及早熟性等方面均有所差异，采用同样的饲养方案无法适合所有肉牛，因此在肉牛饲养过程中日增重和饲料报酬等就会表现出较大的差异。不同年龄和不同体重的牛所处的生长阶段不一样，其生理特点也不相同，在维持需要和对饲料特别是粗饲料的消化能力上存在着差异，用同样的日粮配方可能会导致部分牛营养过剩，而部分牛营养不足。在这种现实情况下，要想取得较好的经济效益，在生产中就必须根据具体的牛群采取相应的饲养管理措施，而要想实现针对性的饲养管理，对所饲养的肉牛进行合理分群就显得至关重要。

2. 分群的方法

对肉牛进行分群饲养不仅便于统一饲养管理，还可以有效提高饲料的利用率，发挥肉牛增重和产肉的潜力。分群的具体方法主要是根据年龄、品种、体重、性别和增重速度等进行。对于架子牛，育肥体重和膘情是最重要的指标，其次是增重速度、性别、品种和年龄。而对于犊牛和育成牛，性别和年龄则是最重要的指标，其次是体重、膘情、增重速度和品种。

按其消化生理特点，肉牛划分为犊牛、育成牛、育肥牛和繁育母牛等生理阶段。在生产中，饲养管理主要针对不同生理阶段进行。肉牛标准化养殖场初次分群的原则要求如下。

(1) 体重。每个牛群中牛只的体重差异控制在50kg以内，具备条件的应控制在25kg以内。

(2) 年龄。36月龄以前的肉牛年龄差异应控制在3个月以内，具备条件的养牛场可控制在1~2个月；36月龄以后的肉牛可都分为一组。

(3) 其他。分群时公牛和母牛必须分开；强壮的牛和弱小的牛要分开；膘情好的牛和膘情差的牛要分开；妊娠后期的牛要和妊娠早期、中期的牛分开；哺乳的牛要和其他牛分开。在具备条件的情况下，群分得越细越好，但要注意，分群越细所需要的饲料种类越多，对饲养管理的精度要求越高，饲养管理的难度越大。

在6月龄左右根据个体生长发育情况，以月龄、畜别、体重和体况分群(15~20头/群)。育肥过渡期结束时，或12月龄左右，完成由大群向小群围栏过渡，以后育肥过程中不再组群、分群和转舍，避免不必要的应激，影响生长发育。小群6~8头为宜，直至出栏保持稳定，且小围栏只出不进。组群、分群和转舍必须在傍晚时分进行，分群后待牛群安静，逐头观察无异常后技术员方可离开，并立即关灯，保持黑暗，减少斗殴。

初次分完群后要注意观察，刚入群的散养牛可能会出现打斗，一般不需要理会，最多1周左右的时间牛群就会适应。1~2个月后根据增重速度进一步分群，将增重快的牛和增重慢的牛分开。此后就要尽量保持每个群的稳定，过于频繁地调群会给肉牛造成很大的应激，不仅影响增重，还容易导致肉牛患病。只有通过合理分群，才能实现配料、投料和管理的便利。

(三) 建立档案

定期2个月称重、测量体尺，此项与防疫、转舍等工作相结合，且应在转舍或分栏通道进行。建立育肥牛个体档案，并以此为依据，检验饲养管理效果，及时调整日粮配方，加强成本核算，提高管理水平。

(四) 自由饮水

保持水槽24h有水，至少1周清洗1次水槽。规模育肥场在围栏外安装自动饮水碗，能较长期保持干净卫生，且易清洗，无交叉污染。

(五) 驱虫防病

在观察和育肥过渡期用丙硫咪唑一次口服，剂量为6~10mg/kg体重。体外寄生虫可用2%~4%的杀灭菊酯，在天气晴朗时，淋浴杀虫，既可杀死体表蜱等寄生虫，也有避蚊蝇作用。或肌注广谱高效抗寄生虫药，如阿维菌素、伊维菌素，用量为0.02mL/kg体重。驱虫3d后，清圈，健胃。

（六）日粮更替

饲草、饲料种类的更换必须有7～15d的过渡时间，以适应瘤胃微生物菌系的调整、培育和建立。即在更换的最初3d保持原饲草饲料不少于2/3，新饲草或饲料不大于1/3，间隔2～3d，再增加喂量的1/4或1/3新饲草饲料，相应地减少原饲草饲料，逐步渐进更替，过渡时间15d为宜。在饲草饲料更换过渡期勤观察粪便，做适当调整，但也不得少于7d。

（七）卫生管理

保持牛舍干燥卫生，进牛前牛舍必须清扫干净，用2%～4%烧碱彻底喷洒消毒，待干燥后至少保持1周再进牛。视牛粪的厚度、干湿状况清粪，小围栏牛粪厚不超过15cm，夏季可1个月清理1次。

（八）适时观察

技术员必须坚持早晚巡查，与饲养员随时观察相结合。观察采食、反刍、精神和粪便等情况。病牛应及时隔离，单独饲养治疗。有臌气、粪便稀恶臭且有未消化精料，应调整日粮，减少给量，或停止增加精料。

第五节 肉牛放牧育肥技术

放牧育肥是指从犊牛到出栏牛，完全采用草地放牧而不补充任何饲料的育肥方式，也称草地畜牧业。这种育肥方式适于人口较少、土地充足、草地广阔、降水量充沛、牧草丰盛的牧区和部分半农半牧区。例如新西兰肉牛育肥以放牧为主，一般自出生养至18月龄，体重达400kg便可出栏。

一、品种和选择

地区不同，适合放牧的肉牛品种选择不同；品种选择不同，带来的效益不同。可以放牧的肉牛品种很多，主要根据地区来决定。

南方地区可以放牧的肉牛品种：西门塔尔牛杂交一代、西门塔尔牛杂交二代、利木赞牛、改良黄牛、杂交黄牛，以上品种都可以作为放牧饲养的肉牛品种。

北方地区可以放牧的肉牛品种主要有：利木赞牛、改良黄牛、西门塔尔牛杂交一代、西门塔尔牛杂交二代。北方地区放牧条件有限，天气冷，可利用食物少，杂交黄牛生长缓慢。在北方地区，体重较小的肉牛出售时比较困难，销售价格也无法提高，所以不建议选择杂交黄牛。

二、放牧前的准备工作

（一）牛群准备

整群，按年龄、性别和生理状况的相近性进行组群，防止大欺小、强欺弱的现象发生。修蹄，去角，驱除体内、外寄生虫。对年龄超过 12 月龄的公牛去势，检查体膘和进行称重。

（二）放牧设施的准备

在放牧季节到来之前，要检修营房、棚圈及篱笆，确定和修整水源、饮水设施和临时休息点，修整放牧道路。

（三）从舍饲到放牧的过渡

牛从冬春舍饲到放牧管理要逐步进行，一般要有 7~8d 的过渡期。即当牛被赶到草场放牧以前，要用秸秆、干草、青贮或黄贮预饲。日粮要含有 17%以上的纤维素饲料。如果冬季日粮中多汁饲料很少，要适当延长过渡期至 10~14d。第一天放牧 2~3h，到过渡期末增加至 12h/d。在过渡期，为了预防青草抽搐症，除了注意一般的营养水平外，还要注意镁的供应。放牧前的 15~20d 以及放牧后的 30~90d，要在混合饲料中添加醋酸（盐），每头 500mL（g）。由于牧草中钾多钠少，要保证食盐供应，使钠钾比维持在 0.4~0.5。供食盐的办法，除配合在精料中外，还需在牛站立和饮水的地方，设置盐槽，供牛舔食。

三、放牧方法和组织

固定放牧，春季将牛群赶进牧场，直到秋季归牧，一直固定在一个草场。这是一种粗放的管理方法，不利于牧草生长，容易产生过牧，加上牛群践踏，植被很难恢复，该方法适用于载畜量小的草场。划区轮牧，一般和围栏相配合，即用电网、刺篱、铁丝、木条等将草场分为若干个小区，按照 21~28d 的间隔周期进行轮牧。对不轮牧的小区进行割草或调制干草（供冬天用），此法草地可以得到休息、减少践踏，增加牧草恢复生长的机会，提高了草场的利用率。采用划区轮牧，一般草场每季可轮牧 4~6 次，差的可轮牧 2 次。为了加速牧草萌生，每亩（约 667m^2）地需施氮 25kg，磷 7kg。条牧，是在固定围栏中，用移动式电围栏隔成一个长条状的小区，每天移动电围栏 1 次，更换下一个小区。条牧比一般轮牧更能提高草场利用率，适合于较好的草地。

根据各地气候和植物生长条件，可以将草场划分为三季牧场和四季牧场。春季牧场（2—4 月），此时气候变化大，有些地方仍是天寒地冻、草木不生。应尽量管理草场、增施化肥、引水灌溉，以期牧草萌芽和生长。要在靠近农场（村庄）的山谷坡地、丘陵和避风向阳、牧草萌生较早地段进行短期放牧，但大部分时间应对牛进行舍饲。夏季牧场（5—7 月），气候由冷变暖，后期炎热。牧草萌发、生长、枯萎、结实，是放牧的黄金时期。应选择地势高、通风、凉爽、蚊蝇较少，并有充足水源的地区。可以充分利用此期的优势，进行全天放牧。秋季牧场（8—10 月），划分条件一般与春季牧场相同。牛群从高山或边远的春季牧场归来，很自然是以山腰为牧场。对于牛群抓秋膘和安全过冬等极为重要。因此，牧草要丰茂、饮水方便，并设补饲槽。冬季牧场（11 月至翌年 1 月），此时天寒草枯，牧草质劣、量少，一般应增加 10%～25% 面积作为后备牧场。应选择距居民点和牛群棚圈较近、避风、向阳的低洼地，牧草生长好的山谷、丘陵山坡或平坦地段，即小气候好、干燥而不易积雪。在牧草不均匀或质量差的草地上放牧，还可留一些高草或灌木区，以备大雪时其他牧草封盖急用。

冷季放牧要特别注意棚圈建设。棚圈要向阳、保暖、小气候环境好。牛只进棚圈前，要进行清扫、消毒，搞好防疫卫生。要种植供冷季补饲的草料，及早进行补饲。补饲原则是膘差的牛多补，冷天多补，暴风雪天全日补饲。暖季应给牛补饲食盐、钾盐和镁盐。可在棚圈、牧地设盐槽，供牛舔食。

四、异地育肥

为了提高牛肉的产量和质量，可以在精料供应方便的地方建设肉牛育肥场。将达到一定体重的放牧牛集中进行 2～3 个月的短期育肥。育肥前要按体重大小组群、驱虫、去势和去角。并按体重大小、日增重多少选择和配合日粮。每天饲喂 2～3 次，并采用先粗后精的饲喂顺序和少喂勤添的方法以提高牛的采食量以及对饲料营养物质的消化利用率，实现预期的增重指标。

第六节　高档牛肉生产技术

高档牛肉是指按照特定的饲养程序，在规定的时间完成育肥，并经过严格屠宰程序分割到特定部位的牛肉。我国的牛肉在嫩度上一直无法与猪、禽肉相比，这是因为我国没有专门化肉牛品种及真正的高档牛肉，牛肉普遍较老，不容易煮烂。随着我国引进世界上专门化的肉牛良种和肉牛培育技术，对地方品种黄牛进行杂交改良，对架子牛进行集中育肥饲养，育肥后送屠宰场屠宰，并按规定的程序进行分割、加工、处理。其中几个指定部位的肉块经过专门设计的工艺处理，这样生产的牛肉，不仅色泽、新鲜度上达到优质肉产品的标准，而且具有与优质猪肉相近的嫩度，受到涉外与星级宾馆餐厅的欢迎，被冠以“高档牛肉”的美称，以示与一般牛肉的区别。因此，高档牛肉就是牛肉中特别优质的、脂肪含量较高和嫩度好的牛肉，是具有较高的附加值、可以获得高额利润的产品。

一、育肥牛的条件

（一）品种

高档牛肉生产的关键之一是品种的选择。首先，要重视我国良种黄牛的培育，这是进行杂交改良、培育优质肉牛的基础。其次，要充分利用引进的良种，用来改良地方黄牛品种，生产杂种后代。

我国良种黄牛数量大、分布广，对各地气候环境条件有很好的适应性，各地养殖农户熟悉当地牛的饲养管理和习性。经过育肥的牛，多数肉质细嫩，肉味鲜美，皮肤柔韧，适于加工制革。主要缺点在于体型结构上仍然保持役用牛体型，公牛前躯发达，后躯较窄，斜尻，腿长，生长速度较慢，与当前肉用牛生产的要求不适应，需要引进国外肉牛良种进行杂交，改良体型，提高产肉性能，同时保持肉质细嫩的特点。

我国产肉性能较好的黄牛品种有蒙古牛、秦川牛、南阳牛、鲁西牛、晋南牛、武陵牛（长江以南的品种总称）。从国外引进的肉用牛与兼用牛有安格斯牛、海福特牛、夏洛来牛、利木赞牛、西门塔尔牛、短角牛及意大利的皮尔蒙特牛。

（二）年龄与性别

生产高档牛肉最佳的开始育肥年龄为 12~16 月龄，30 月龄以上不宜育肥生产高档牛肉。性别以阉牛最好，阉牛虽然不如公牛生长快，但其脂肪含量高，胴体等级高于公牛，而又比母牛生长快。

其他方面的要求以达到一般育肥肉牛的最高标准即可。

二、育肥期和出栏体重

生产高档牛肉的牛，育肥期不能过短，一般为 12 月龄牛 8~9 个月，18 月龄牛 6~8 个月，24 月龄牛 5~6 个月。出栏体重应达到 500~600kg，否则胴体质量就达不到应有的级别，牛肉达不到优等或精选等级，故既要求适当的月龄，又要求一定的出栏体重，二者缺一不可。

三、饲养管理

（一）不同牛种对饲养管理的要求不同

地方良种黄牛如秦川牛、南阳牛、鲁西牛等，因为晚熟，生长速度较慢，但适应性强，可采取较粗放的饲养，1 岁左右的小架子牛可用围栏散养，日粮中多用青干草、青贮和切碎的秸秆。当体重达到 300kg 以上、体躯结构均匀时，逐渐增大混合精饲料的比重。

夏洛来牛、利木赞牛等品种牛与黄牛杂交的后代，生长发育较快，要求有质量较好的青、粗饲料。饲喂低质饲料往往严重影响牛的发育，降低后期育肥的效果。

（二）饲料

优质肉牛要求的饲料质地优良，各种精饲料原料如玉米、高粱、大麦、饼粕类、糠麸类须经仔细检查，不能潮湿、发霉，也不允许长虫或鼠咬，否则将影响牛的采食量和健康，精料加工不宜过细，呈碎片状有利于牛的消化吸收。

优质青、粗饲料包括正确调制的玉米秸青贮，晒制的青干草，新鲜的糟渣等。作物秸秆中豆秸、花生秸、干玉米秸等营养价值较高，而麦秸、稻草要求经过氨化处理或机械打碎，否则利用率很低，影响牛的采食量。若牧草丰茂的草地，小架子牛可以放牧饲养。

下列典型的日粮配方可供参考。

配方 1（适用于体重 300kg）：精料 4~5kg/(d·头）（玉米 50.8%、麸皮 24.7%、棉粕 22%、磷酸氢钙 0.3%、石粉 0.2%、食盐 1.5%、小苏打 0.5%，预混料适量）；谷草或玉米秸 3~4kg/(d·头)。

配方 2（适用于体重 400kg）：精料 5~7kg/(d·头）（玉米 51.3%、麸皮 24.7%、大麦 21.3%、麸皮 14.7%、棉粕 10.3%、磷酸氢钙 0.14%、石粉 0.26%、食盐 1.5%、小苏打 0.5%，预混料适量）；谷草或玉米秸 5~6kg/(d·头)。

配方 3（适用于体重 450kg）：精料 6~8kg/(d·头）（玉米 56.5%、大麦 20.7%、麸皮 14.2%、棉粕 6.3%、石粉 0.2%、食盐 1.5%、小苏打 0.5%，预混料适量）；谷草或玉米秸 5~6kg/(d·头)。

（三）管理

1. 保健与卫生

坚持防疫注射，新购入或从放牧转入舍饲育肥的架子牛，都要先进入专用观察圈驱除体内外寄生虫。根据需要对小公牛进行去势、去角、修蹄。经过检查，认为健康无病的牛再进行编号、称重、登记入册，按体重大小和牛种分群，然后进入正式育肥的牛舍。

2. 圈舍清洁

影响圈舍清洁的主要因素是牛的排泄物，1 头体重 300~400kg 的牛每日排出粪尿 20~25kg，粪尿发酵产生氨气，氨浓度过大会影响牛的采食量以及健康。此外，圈舍内每日尚有剩余的饲料残渣，必须坚持每日清扫。要保持圈舍干燥卫生，防止牛滑倒以及蚊蝇滋生和体内外寄生虫的繁殖传染。经常刷拭牛体，可促进血液循环，加速换毛过程，有利于提高日增重。

3. 饲料保存

为了保证饲料质量，保管是重要环节。精料仓库应做好防潮、防虫、防鼠、防鸟的工作，无论虫或鼠以及鸟粪的污染，都可能引入致病菌或病毒。一经发现，必须立刻采取清除、销毁或消毒等措施。青贮窖内防止长霉或发酵变质，干草及秸秆草堆则要做好通风、防雨雪的工作，避免干草受潮变质，更要注意防火。干草堆被雨雪淋湿后，可能发酵升温引起自燃。此外夏日暴晒，若通风不良，也可能自燃。

四、屠宰产品

（一）屠宰产品的构成

肉牛屠宰后产品的构成，见表 4-1。

表 4-1　肉牛屠宰后产品的构成　　单位：%

名称	百分比	名称	百分比
商品肉	45.4	可食部分	26.7
优质肉块	17.8	其中：血	3.2
一般肉块	27.6	骨	8.6
可利用部分	17.2	头、蹄	5.4
分割碎肉	5.3	皮	9.5
腹内脂肪	4.0	胃肠内容废弃物	10.7
内脏	7.9		

以上为肉牛屠宰后实测的结果。提高经济效益的潜力在于提高商品肉的产量，尤其是价值较高的优质切块部分。仔细分割切块，减少碎肉带来的损耗，开发内脏可食部分的产品（如牛百叶加工，牛肝、牛尾等的精制，碎肉与脂肪搅碎加工成半成品等）。此外，在规模扩大后建立血、骨、皮的初级加工厂或与专业的血粉厂、骨粉厂、皮革厂联合经营，将给肉牛生产带来更高的经济效益。

（二）胴体的构成

优质肉牛的屠宰率都较高，通常黄牛与引进肉牛种的杂种牛育肥后屠宰率约60%，可以得到较好的胴体。胴体分割肉产量中高档肉与优质切块肉的比重不仅是育肥效果好坏的标志，也是经济效益高低的决定因素。通常肉牛胴体构成比例见表4-2。

表4-2 肉牛胴体构成比例 单位:%

名称	比例
高档肉	6~7
优质切块	24~25
一般肉	41~46
分割的碎块	9~10
骨	15~16

（三）胴体嫩化

牛经屠宰后，除去皮、头、蹄和内脏剩下的部分称为胴体。胴体肌肉在一定温度下产生一系列变化，使肉质变得柔软、多汁，并产生特殊的肉香，这一过程称为肉的“排酸”嫩化，也称为肉的成熟。

牛肉嫩度是高档与优质牛肉的重要质量指标。排酸嫩化是提高牛肉嫩度的重要措施，其方法是在专用嫩化间，温度0~4℃，相对湿度80%~85%条件下吊挂7~9d（称吊挂排酸）。嫩化后的胴体表面形成一层“干燥膜”，羊皮纸样感觉，pH值为5.4~5.8，肉的横断面有汁流，切面湿润，有特殊香味，剪切值（专用嫩度计测定）可达到平均3.62kg以下的标准。也可采用电刺激嫩化或酶处理嫩化。

（四）胴体分割包装

严格按照操作规程和程序，将胴体按不同档次和部位进行切块分割，精细修整。高档部位肉有牛柳、西冷和眼肉3块，均采用快速真空包装，每箱重量

15kg，然后入库速冻，也可在0~4℃冷藏柜中保存销售。

第七节　乳肉兼用牛饲养技术

一、我国的乳肉兼用牛常见品种及特点

我国目前有5个自主培育的兼用牛品种，中国西门塔尔牛（2002年）、三河牛（1986年）、新疆褐牛（1983年）、草原红牛（1985年）和蜀宣花牛（2011年）。其中，中国西门塔尔牛、三河牛、新疆褐牛是国家级新品种，草原红牛和蜀宣花牛是地区级新品种。

（一）三河牛

三河牛是我国培育的第一个乳肉兼用牛品种，耐高寒。

乳用性能：单产平均超过6 000kg，乳脂率4.0%~4.2%，乳蛋白率3.4%~3.6%，体细胞低。

肉用性能：成年母牛体重570~600kg，成年公牛体重950~1 085kg，公牛屠宰率55.6%。

（二）新疆褐牛

新疆褐牛是中华人民共和国成立后育成的第一个乳肉兼用牛品种（1983年），耐寒、耐粗饲和抗逆性强，可放牧、可舍饲。

乳用性能：在全舍饲条件下，单产达到6 000kg，乳脂率4.2%，乳蛋白率3.5%；在半舍饲半放牧条件下，平均泌乳天数为231d，全期奶量2 813kg。

肉用性能：成年母牛体重500~600kg，成年公牛体重900~1 000kg。

在牧区，1~1.5岁公牛日增重0.85~1.25kg，屠宰率为52.46%。在农区舍饲条件下，1~1.5岁公牛屠宰率达58.28%。

（三）中国西门塔尔牛

中国西门塔尔牛是全国覆盖率最高的乳肉兼用牛品种，是我国肉牛业品种改良的主推品种，平均每年杂交改良达60%。

乳用性能：单产达到8 600kg，乳脂率>4.0%，乳蛋白率>3.5%。

肉用性能：成年母牛体重550~650kg，成年公牛体重1 100~1 200kg，公牛屠宰率达到61%。

（四）蜀宣花牛

蜀宣花牛是比较近期育成的乳肉兼用牛品种。耐高温、耐高湿，是南方第

一个具有自主知识产权的乳肉兼用品种。

乳用性能：平均胎次单产 4 495kg，乳脂率 4.2%，乳蛋白率>3.5%。

肉用性能：成年母牛体重 530kg，成年公牛体重 826kg，公牛屠宰率达到 58.1%。

（五）德系西门塔尔牛

我国两次（1976 年，2006 年）引入德系西门塔尔牛，其后代覆盖广泛，具有均衡的乳、肉性能和遗传稳定性（可用于杂交改良其他专用品种）。

乳用性能：平均产奶量 8 246kg，乳脂率 4.19%，乳蛋白率 3.52%，体细胞数 18.5 万个/mL。泌乳曲线平滑，无明显产奶高峰，能量负平衡的概率低，使用年限长。

肉用性能：公牛 19.2 月龄体重 750kg 以上，屠宰率达到 58.5%。

（六）法系西门塔尔牛——蒙贝利亚

我国 2007 年开始用蒙贝利亚作父本，与中国荷斯坦成功杂交繁育，已获 F_2 代，乳用与肉用性能均优。蒙贝利亚耐寒、耐热、耐粗饲。

乳用性能：产奶量 8 444kg，乳脂率 3.90%，乳蛋白率 3.46%。

肉用性能：成年母牛体重 650kg，青年公牛体重 800kg；成年母牛的屠宰率为 52%~54%，青年公牛的屠宰率为 56%~58%。

按营养需要分类，西门塔尔遗传基础的品种，其代谢机制偏肉用（包括三河牛、中国西门塔尔牛、蜀宣花牛、德系西门塔尔牛、蒙贝利亚牛、以上兼用牛与奶牛杂交牛），新疆褐牛的代谢机制偏乳用。

二、舍饲分群饲养管理原则

按照用途划分为乳用（母牛，饲养管理规范的国家标准正在完善中）和肉用（公牛、阉牛、淘汰母牛）。

按生理阶段划分为哺乳犊牛（乳、肉管理接近）、断奶犊牛、育成和青年牛；泌乳阶段和育肥阶段。

乳肉兼用牛的营养与管理是以西门塔尔牛营养需要为主要参考。

（一）乳用母牛分群饲养原则

乳用母牛按生理时期分阶段：哺乳犊牛群（0~9 周龄）、断奶和育成期牛群（9~10 周龄至 10~13 月龄）、青年期牛群（11~14 月龄至 20~23 月龄）和泌乳牛群（干奶牛和泌乳牛，根据营养需要可以再细分）。

泌乳母牛，根据营养需要分群。头胎新产牛应单独组群，与经产牛分群饲养；

干奶牛群（停奶至产犊）；新产牛群（产后21d至1个月）；泌乳高峰期牛群（第2泌乳月至第4泌乳月）；泌乳中后期牛群（第5泌乳月至干奶前）。当泌乳牛群规模小于300头时，新产牛单分一群，泌乳高峰期和泌乳中后期可同群饲养。

（二）肉用公、母、阉牛分群饲养原则

肉用牛按生长阶段进行分群，哺乳犊牛群（0~9周龄）、育成期牛群（9~10周龄至12月龄）、育肥期牛群（13~18月龄）、淘汰母牛归入育肥期牛群（采食正常为基准）。

三、哺乳犊牛期营养和饲喂管理

哺乳阶段的犊牛，不同性别可以混合饲养（公、阉、母）。整个哺乳期的平均日增重800（母犊、阉犊）~1 100g（阉犊、公犊）。出生至1周龄单圈饲养，第2周至8~9周龄混群饲养，每群2~8头。犊牛合群饲养圈采用自动喂奶装置，并且给犊牛提供干草，让其自由采食。提供充足的奶、水和干草，进行粗饲料的补饲。

拴系式牛舍，舍饲也可以由母牛哺乳，母牛拴系饲养，犊牛每日3次赶到母牛圈中吃奶。犊牛出生后1h内饲喂2.5~4L的初乳，第6小时再喂2L；出生4d以后，补饲颗粒料、压片玉米和禾本科干草，其中颗粒料（CP≥21%）占比至少85%。第1周内打耳标。第2~3周去角。母犊第2周去副乳头，公犊牛去势（阉割）。生产高档分割肉的公犊，可在第2周去势，因为阉牛更容易形成大理石花纹肉。公牛的饲喂效率（肉料比）高于阉牛和母牛，但肌间脂肪的积累不如阉牛快。母牛各方面均最差。在8~9周龄时，体重应为初生重的2倍，开始阶段性断奶。

四、乳用母牛各生理阶段营养、饲喂与管理

（一）断奶犊牛和育成牛（9~10周龄至6月龄；7月龄至12~15月龄）

断奶犊牛和育成牛指断奶后至初次配种的母牛，与月龄和体重接近的阉牛可混群饲养，二者营养需要和生长速度相似。母牛3月龄后，要与育成公牛分开饲养。

（二）断奶犊牛（9~10周龄至6月龄）

按月龄体重分群散放饲养，自由采食精、粗饲料（营养来源主要靠精饲料供给）。选择优质禾本科干草、苜蓿供犊牛自由采食，提供清洁新鲜饮水。可以饲喂新鲜优质的青贮、半干草贮等发酵类饲料，前提是发酵质量好和每日

清剩料、添新料。

（三）断奶犊牛（9~10 周龄至 6 月龄）

干物质采食量（DMI）逐步达到 5.3~6.1kg/(d·头)（与体重和饲料的可消化程度有关），精料比例约为 50%。体重在 6 月龄达到 190~220kg。如群体较小，或不便单独制作断奶饲料，可以直接饲喂泌乳牛料（泌乳 25kg/d，日粮 CP 16%，产奶净能 7.2MJ/kg），按照体重 2.8%计算 DM 饲喂量。

（四）育成牛（7 月龄至 10~13 月龄）

按月龄和体重分群，散放饲养，自由采食全混合日粮（TMR），推荐精粗比=3∶7。7 月龄每头日喂精料 2~2.5kg，粗饲料可选择中等质量的干草和优质半干草贮，全株青贮日喂量≤4kg。建议提供矿物舔砖自由舔食。DMI 逐步达到 8.3~9.6kg/(d·头)（与体重和饲料的可消化程度有关）。日粮 CP 从 15%（7 月龄）逐渐降至 9%（13 月龄）。日增重 0.85~1.2kg，体重在 13 月龄达到 360~380kg。定期监测体尺、体重指标，以及时调整日粮结构，确保 13 月龄前达到参配体重（≥370kg）和体高（≥1.25m），体况 3.0~3.25 分（5 分制）。注意观察发情，做好发情记录，以便适时配种。不同品种，初情期月龄和体重有差异。

（五）青年母牛（11~14 月龄至 20~23 月龄）

按月龄和体重分群，TMR 精粗比=3∶7，提供矿物舔砖。粗饲料可选中等质量的干草、优质半干草贮和全株玉米青贮，逐渐增加全株青贮喂量，怀孕中后期可日喂 12kg 全株青贮。TMR 干物质采食量每头每天从 8.3kg 逐步达到 12.8kg（与体重、怀孕和饲料的可消化程度有关）。配种前（11 月龄）日粮 CP 9%，逐渐调整至产前 60d CP 13%~14%，围产期 CP 13%。做好发情鉴定、配种、妊娠检查等工作，并做好记录。应根据体膘状况和胎儿发育阶段，合理控制精料饲喂量，防止过肥或过瘦。产前体况 3.5 分。配种至怀孕 7 个月之间，平均日增重目标 0.5kg。观察乳腺发育，保持圈舍、产房干燥、清洁，严格执行消毒程序。注意观察牛只临产症状，以自然分娩为主，掌握适时、适度的助产方法。

（六）干奶前期（干奶至产前 21d）

干奶前 10d，妊检和隐乳检测，确定妊娠和乳房正常后方可进行干奶。调整日粮，逐渐减少精料和青贮饲料供给量。日粮应以中等质量粗饲料为主，DMI 占体重的 2%，日粮 CP 13%~14%，产奶净能 5.5MJ/kg，体况评分 3.5 分。做好肢蹄的修整和护理工作。

（七）围产前期（产前 21d 至分娩）

日粮应以优质禾本科粗饲料为主，做好干奶牛与新产牛的日粮过渡。DMI 应占体重的 2%，保持日粮粗蛋白质水平 13%，产奶净能 6.0 MJ/kg，体况评分 3.5 分。散栏饲养的密度应小于 90%，每头牛颈夹宽度保持 90cm。保证每头牛 $20m^2$ 的面积。母牛产前 1~6h 进入产房，提倡自然分娩。

（八）泌乳牛群至新产期（分娩至产后 1 个月）

饲喂新产牛 TMR，提供优质、易消化的豆科和禾本科牧草、优质半干草贮及玉米青贮。日粮 CP 17%，产奶净能 7.2 MJ/kg，NDF 30%~33%，ADF 19%~21%。散栏饲养的饲养密度应小于 90%，每头牛颈夹宽度保持 75cm。保证充足的采食时间，利于提高 DMI。

头胎牛产后 21d DMI 到 17kg，经产牛达到 19kg。头胎牛产后体重 560~580kg，经产牛产后体重 660~700kg。其中，西门塔尔牛与荷斯坦牛的杂交一代和二代的成年体重都比纯种西门塔尔牛重 4%~10%。肉用牛的体况评分建议 3~3.25 分（5 分制）。肉用母牛的评分方法与奶牛体况评分相比，多两个检测位点：胸部和肋骨。

产后如果食欲不振或体重下降过快，应立即灌服 40L 麸皮、盐水、丙二醇、丙酸钙等混合溶液。执行产后监控程序，特别关注难产、双胎、胎衣不下、产褥热以及产前体况评分超过 4 分的奶牛，监控其干物质采食量、产奶量、体温等指标，并定期监测血酮含量。产后 1 周内，进行健康检查，正常牛方可出产房，并做好交接手续，异常牛需单独处理。

（九）泌乳牛群至泌乳高峰期（第 2~4 泌乳月）

饲喂泌乳高峰期 TMR，提高营养浓度。CP 16%~18%，赖氨酸与蛋氨酸比例为 3∶1。产奶净能 7.2~7.4 MJ/kg，NDF 32%~35%，ADF 20%~22%，其中，来自粗饲料的 NDF 占 70%以上，每日精料饲喂量 10~11.5kg，DMI 达到体重 3.85%~4%。体况评分 2.75~3 分。

可添加植物源性脂肪产品（过瘤胃脂肪、膨化大豆或全棉籽等），也可在精饲料中加入 1.0%~1.5%小苏打和 0.5%氧化镁等缓冲剂。产奶量超过 35kg/d的母牛，可补充过瘤胃蛋白或过瘤胃氨基酸饲料、酵母类或糖蜜类等。增加 TMR 投喂次数与推料次数，尽早达到并维持产奶高峰。做好母牛产后发情监控，及时配种。在产后 100d 左右，应检查是否妊娠。产后 120d 妊娠牛的比例应达到 80%。

(十) 泌乳牛群至泌乳中后期 (第 5 泌乳月至干奶)

产奶量 25kg/d 的日粮 CP 为 16%~17%，产奶净能 7.2MJ/kg，NDF 35%~45%，ADF 22%~24%，精料饲喂量减至 9kg。体况评分 3~3.25 分。

五、分阶段饲养管理

(一) 断奶犊牛 (9~10 周龄至 6 月龄)

通常分为公牛犊和阉牛犊两类，也有根据牛群计划或品种原因淘汰的母牛犊，阉犊和母犊可按同等方式在一群内混养。公牛犊断奶后按月龄体重分群散放饲养，自由采食精饲料（通常是颗粒饲料）和粗饲料，粗饲料可以是优质干草，也可以全部用优质青贮。此阶段可以用泌乳牛饲料，相当于日增重 1.2~1.4kg 的育肥料。

自由采食优质禾本科干草、苜蓿，可以饲喂新鲜优质的青贮、半干草贮等发酵饲料，前提是发酵质量好和每日清剩料、添新料。DMI 逐步达到 6.5~7.3kg/(d·头)（与体重和饲料的可消化程度有关），体重在 6 月龄达到 220（母犊和阉犊）~270kg（公犊）。新鲜清洁的自由饮水，冬季饮温水。保持犊牛圈舍清洁卫生、干燥，定期消毒，预防疾病。

(二) 育成牛 (7~12 月龄)

按性别和体重分群，公牛在一群饲养，阉牛和母牛可以合群饲养，同一群内初始体重相差≤20kg。如果散放饲养，根据圈舍条件，每群最多容纳 130 头公牛或 250 头阉牛和母牛。公牛尽量 6~8 头一小圈，预防爬跨综合征。此时同圈的公牛，一直维持到出栏，不宜再分群或合群。提供矿物舔砖自由舔食，自由饮水。定期监测体尺、体重指标。

公牛每头日喂精料 3kg，粗饲料可选择中等质量的干草、半干草贮、全株玉米青贮，全株青贮日喂量≤6kg。DMI 逐步达到 8.7~9.7kg/(d·头)（与体重和饲料的可消化程度有关），日粮 CP 从 16.5%（7 月龄）逐渐降至 12.8%（12 月龄）。日增重为 1.1~1.3kg，体重在 12 月龄达到 450~520kg。

阉牛和母牛每头日喂精料 2~2.4kg，粗饲料可选择中等质量的干草、半干草贮、全株玉米青贮，全株青贮日喂量≤4kg。DMI 逐步达到每头每天 7.6~8.5kg（与体重和饲料的可消化程度有关），日粮 CP 从 15%（7 月龄）逐渐降至 12%（12 月龄）。日增重为 0.94~1.1kg，体重在 12 月龄达到 350~450kg。可以精、粗料分开饲喂，也可以饲喂 TMR，制作 TMR 的过程中不必另加水，使用 TMR 自然含水量即可。根据粗料质量，精料比例 30%~50%。

(三) 育肥牛 (13~18 月龄，以及淘汰乳用牛)

按性别和体重分群，公牛分开饲养，阉牛和母牛合群饲养，同一群内初始体重相差≤30kg。散放饲养，自由采食 TMR，推荐精粗比例（7.5~9.5）：1。由育成料更换至育肥料的过渡时间≥20d。至少分 5 次梯度升高饲料中精料含量，每一梯度饲料至少连续饲喂 4d。

当谷物玉米为整粒籽实，粗料可占干物质的 5%；当谷物玉米为粗粉碎形式，粗料可占干物质的 8%；当使用蒸汽压片或湿贮玉米时，粗料可占干物质的 10%。当饲喂管理的仔细程度不够时，可以将粗饲料比例增加至 25%。提供矿物舔砖自由舔食。精料中添加过瘤胃蛋白和酵母培养物。此时饲喂效率（5.5~8）：1。公牛 DMI 为体重的 2.8%~1.9%（随育肥时间逐渐降低）。日粮 CP 从 12.8%（12 月龄）逐渐增至 14.5%（18 月龄）。日增重为 1.4~1.7kg，体重在 18 月龄达到 630~700kg。

阉牛 DMI 为体重的 2.8%~1.9%（随育肥时间逐渐降低）；母牛 DMI 为体重的 2.5%~1.7%（随育肥时间逐渐降低）；日粮 CP 从 12%（12 月龄）逐渐增至 14%（18 月龄）；日增重为 1.4~1.8kg，体重在 18 月龄达到 580~650kg。淘汰乳用牛 DMI 为体重的 2.15%，通常育肥期在 3 个月之内，日粮 CP 14%。目标体况 BCS 达到 4.5 分及以上时出栏。可以精、粗料分开饲喂，也可以饲喂 TMR，制作 TMR 的过程中不必另外加水，使用 TMR 自然含水量即可，通常在 15%~30%。

我国目前有 5 个自主培育的兼用牛品种，都是既适合放牧，也可以舍饲。舍饲分群饲养，以西门塔尔牛遗传基础为主，考虑营养需要。哺乳犊牛期营养和饲喂管理方式，公母可以混养。乳用母牛各生理阶段营养、饲喂与管理，西门塔尔遗传基础的先满足体况、后满足泌乳（褐牛反之，它类似乳用品种）。

第五章　牛场建设及环境控制

牛场是从事肉牛生产的主要场所，是家畜进行生产的重要外界环境条件，牛场环境的好坏，直接影响到肉牛的健康和经济效益。牛场要规划科学、布局合理，便于严格执行各项卫生防疫制度和措施，便于合理组织生产、提高设备利用率和职工劳动生产率，便于畜禽粪便和污水的处理和利用，便于原料的采购和产品的销售。建立一个牛场，必须从场址选择、场区规划布局以及场内卫生防疫设施等多方面综合考虑，合理设计，为肉牛生产创造一个良好的外部环境。

牛舍的设计必须符合肉牛生物学特性的需要，满足肉牛生产工艺和饲养管理的要求。牛舍设计、建造和管理的目的是为肉牛创造既符合肉牛生理要求又可进行高效生产的环境。因此，我们要根据肉牛的生物学特点，结合当地自然气候条件，选择适用的材料建筑，确定适宜的畜舍形式与结构，进行科学设计、合理施工、采用舍内环境控制设备和科学的管理，为动物生产和活动创造良好的环境。

在肉牛养殖以农户小规模饲养为主的时期，粪尿大多数作肥料就地施用，对周围环境污染不大。规模化、集约化的肉牛养殖可以提高养殖效率，增加产品数量，另外也产生了大量粪尿、污水等废弃物，不仅给牛舍环境控制、改善以及牛场疫病的预防带来新的困难，而且这些废弃物如不经处理，还会危害肉牛健康和生产，污染周围环境，形成畜产公害。

第一节　牛场建筑设计

一、场址的选择

肉牛养殖场选址是养殖场规划建设必须面对的首要问题。场址的好坏直接关系到投产后场区小气候状况、牛场的经营管理及环境保护状况。科学的选址可有效规避生物安全风险，减少对外部环境的污染。场址选择主要应从地形地势、土壤、水源、交通、电力、物资供应及与周围环境的配置关系等自然条件和社会条件进行综合考虑，确定畜牧场的位置。场址选择不当可导致整个畜牧场在运营过程中不但得不到理想的经济效益，还有可能因为对周围的大气、水、土壤等环境污染而遭到周边企业或城乡居民的反对，甚至被诉诸法律。

（一）地形、地势

牛场场址的地形应开阔整齐，要避免选择过于狭长或边角太多的场地。地形狭长，会拉长生产作业线和各种管线，不利于场区规划、布局和生产联系；而边角太多，则会使建筑物布局零乱，降低对场地的利用率，同时也会增加场界防护设施的投资。

场地应选择地势高燥、背风向阳、通风良好的地方。地势高燥可防止雨季洪水的冲击，便于排水，利于保持地面干燥，提高畜舍使用年限，进而不利于蚊蝇和微生物滋生，防止疾病的发生。一般而言。牛场选址应在当地历史洪水线以上，地下水位应低于 2m 以下，或地下水位至少低于建筑物地基深埋 0.5m 以下。地势要求稍有坡度，坡度以 1%~3%为宜，北高南低，便于场地排水，但场地坡度不宜过大，一般要求不超过 25%，否则，会加大建场施工工程量，也不利于场内运输。我国冬季盛行北风或西北风，夏季盛行南风或东南风，所以牛场选择向阳坡夏季迎风利于防暑，冬季背风可减弱风雪的侵袭，对场区小气候有利。

牛场面积应根据养殖规模、饲养管理方式、集约化程度和饲料供应情况（自给或购进）等因素来确定。确定场地面积应本着节约用地的原则，一般按每头牛 10~15m^2，根据规模估算牛舍面积。建筑面积（牛舍及其他房舍）占场地面积的 15%~25%规划。

（二）土壤

土壤可直接或间接影响场区空气、水质和植被的化学成分及生长状态，还影响土壤的净化作用。肉牛场场址的土壤以沙壤土最适合，沙壤土透气透水性强、毛细管作用弱、质地均匀、抗压性强、吸湿性和导热性小，利于场内干燥，地温恒定。尽管沙壤土是建立牛场较为理想的土壤，但在一定地区内，由于客观条件的限制，选择最理想的土壤是不容易的。这就需要在畜舍的设计、施工、使用和其他日常管理上，设法弥补当地土壤缺陷。

（三）水源

肉牛养殖过程需要大量的水，而水质好坏直接影响牛场人、牛健康。牛场的水源要求水量充足，水质良好，便于取用和卫生防护。

水量充足是指能满足场内人畜饮用和其他生产、生活用水的需要。人员用水可按 24~40L/(d·人) 计算，肉牛饮用水和饲养管理用水可按 45~60L/(d·头) 估算。夏季为防止肉牛热应激，主要采用喷淋降温方式，夏季用水量会比其他季节用水量增加约 30%。

在确保水量充足的同时，水质也要清洁，不含致病菌、寄生虫卵及矿物毒物。畜禽饮用水应符合《无公害食品　畜禽饮用水质量标准》(NY 5027—2008)、《无公害食品　畜禽产品加工用水水质》(NY 5028—2008) 要求。在选择地下水作水源时，要检查水质是否符合要求。当水源不符合饮用水卫生标准时，必须经净化消毒处理，达到标准后才能饮用（表 5-1）。

表 5-1　畜禽饮用水水质标准

项目		标准值	
		畜	禽
感官性状及一般化学指标	色	≤30°	
	混浊度	≤20°	
	臭和味	不得有异臭、异味	
	总硬度（以 $CaCO_3$ 计），mg/L	≤1 500	
	pH 值	5.5~9.0	6.5~8.5
	溶解性总固体，mg/L	≤4 000	≤2 000
	硫酸盐（以 SO_4^{2-} 计），mg/L	≤500	≤250
细菌学指标	总大肠菌群，MPN/100mL	成年畜 100，幼畜和禽 10	
毒理学指标	氟化物（以 F^- 计），mg/L	≤2.0	≤2.0
	氰化物，mg/L	≤0.20	≤0.05
	砷，mg/L	≤0.20	≤0.20
	汞，mg/L	≤0.01	≤0.001
	铅，mg/L	≤0.10	≤0.10
	铬（六价），mg/L	≤0.10	≤0.05
	镉，mg/L	≤0.05	≤0.01
	硝酸盐（以 N 计），mg/L	≤10.0	≤3.0

（四）社会条件

1. 土地性质

必须遵守十分珍惜和合理利用土地的原则，原则上不得占用基本农田。尽量利用荒地和劣地建场。有关设施畜牧用地标准目前正在制定中，2019 年农业农村部农田建设管理司印发《关于开展设施农业用地标准编制工作的通知》（农办建〔2019〕6 号），其中《设施畜牧用地标准》由畜牧兽医局、种业管理司牵头研究制定，待标准颁布实施后，畜牧场土地征用将纳入法治化轨道。

2016 年，环境保护部、农业部制定了《畜禽养殖禁养区划定技术指南》（环办水体〔2016〕99 号）。在牛场选址过程中要参照指南，避免选址在禁养区内。

2. 交通运输条件

牛场每天都有大量的饲料和粪便进出，要求交通方便，但交通干线又往往是疫病传播的途径，因此，在选择场址时，既要考虑到交通方便，又要使牧场与交通干线保持适当的卫生间距。一般来说，距一、二级公路和铁路应不少于 300~500m，距三级公路（省内公路）应不少于 150~200m，距四级公路（县级、地方公路）不少于 50~100m。

3. 卫生防疫要求

牛场选址应符合《中华人民共和国畜牧法》的规定，防止牛场受到周围环境的污染，同时也要确保牛场不致成为周围社会的污染源。因此，牛场选址应在居民点的下风处且地势较低处，避免牛场排放的臭气、粉尘随着气流扩散，影响居民生活。牛场也不能位于化工厂、屠宰场、制革厂等易造成环境污染的企业的下风处或附近。此外，牛场与居民点及其他牧场应保持适当的卫生间距：与居民点之间的距离，小型牛场应不少于 300~500m，千头牛场应不少于 1 000m；与其他畜牧场之间的距离，小型牛场应不少于 150~300m，千头牛场之间应不少于 1 000~1 500m。

4. 电力供应

牛场生产、生活用电都要求有可靠的供电条件，特别是夏季牛场通风、饮水设备均需电力保证。通常，建设牛场要求有Ⅱ级供电电源。在Ⅲ级以下供电电源时，则需自备发电机，以保证场内供电的稳定可靠。为减少供电投资，应尽可能靠近输电线路，以缩短新线路敷设距离。

二、牛场的区间划分与布局

牛场选址确定之后，在选定的场地上进行合理的分区规划和建筑物布局是

建立良好的牛场环境和组织高效率生产的先决条件。

通常将牛场分为3个功能区，即生活管理区、生产区和隔离区。在进行场地规划时，应充分考虑卫生防疫和工作方便，根据场地地势和当地全年主风向合理规划。

（一）生活管理区

生活管理区应位于场区常年主导风向的上风处和地势较高处，是牛场从事经营管理活动的功能区，与社会环境具有极为密切的联系。生活管理区的建筑设施包括办公室、接待室、会议室、技术资料室、化验室、食堂、宿舍、职工值班室、警卫值班室、配电室、水塔、围墙、外来人员第一次更衣消毒室等。牛场大门处设置消毒池，对进入场区的车辆、人员进行严格消毒。车辆消毒池深度一般为20cm，长度应能保证大型拖拉机后车轮在消毒液中至少转1周。

（二）生产区

生产区是牛场的核心区，是从事肉牛养殖的主要场所，包括牛舍、饲料调制和贮存建筑物（其中包括青贮塔、青贮壕、干草棚）。自繁自养肉牛场应将种牛、商品牛分开，设在不同地段，分区饲养管理。通常将种牛群设在防疫比较安全的上风处和地势较高处。生产区内与饲料有关的建筑物，如饲料调制、贮存间和青贮塔（壕），原则上应设在生产区上风处和地势较高处，同时要与各畜舍保持方便的联系。设置时还要考虑与饲料加工车间保持最方便的联系。青贮塔（壕）的位置既要便于青贮原料从场外运入，又要避免外面车辆进入生产区。

由于防火的需要，干草和垫草的堆放场所须设在生产区的下风向，并与其他建筑物保持60m的防火间距。由于卫生防护的需要，干草和垫草的堆放场所与堆粪场、病畜隔离舍需要保持一定的卫生间距，而且要考虑场外运送干草、垫草的车辆便于进入。

（三）隔离区

隔离区包括兽医诊疗室、病畜隔离舍、尸坑或焚尸炉、粪便污水处理设施等，应设在场区的最下风向和地势较低处，并与畜舍保持300m以上的卫生间距。该区应尽可能与外界隔绝，四周应有隔离屏障，如防疫沟、围墙、栅栏或浓密的乔灌木混合林带，并设单独的通道和出入口。处理病死家畜的尸坑或焚尸炉更应严密隔离。此外，在规划时还应考虑严格控制该区的污水和废弃物，防止疫病蔓延和污染环境。

三、牛舍的建设

（一）牛舍的建筑类型

按牛舍外围护结构封闭的程度大小，可将牛舍分为封闭式牛舍、半开放式牛舍和开放式牛舍三大类型。肉牛舍按照牛的生理阶段可分为犊牛舍、育肥牛舍、成年母牛舍、产房等。

1. 封闭式牛舍

封闭式牛舍是由屋顶、围墙以及地面构成的全封闭状态的牛舍，通风换气仅依赖于门、窗和通风设备，该种牛舍具有良好的隔热能力，便于人工控制舍内环境。但封闭式牛舍环境调控均需靠设备，土建和设备投资较大，耗能较多。肉牛的生理特点是耐寒怕热，封闭式牛舍仅适用于寒冷地区肉牛生产。此外，由于肉牛代谢产热、机械和人类的活动，封闭牛舍空气温度往往高于舍外。空气中尘埃、微生物舍内大于舍外，封闭畜舍通风换气差时，舍内有害气体（如氨、硫化氢等）含量高于舍外。因此，肉牛养殖场不宜采用封闭式牛舍。

2. 半开放式牛舍

半开放式牛舍是三面有墙，一面仅有半截墙的牛舍。半开放式牛舍外围护结构具有一定的防寒防暑能力，冬季可以避免寒流的直接侵袭，防寒能力强于开放舍和棚舍，但空气温度与舍外差别不大。在肉牛养殖场可以用作产房、幼畜舍。

3. 开放式牛舍

开放式牛舍是指一面（正面）或四面无墙的畜舍，后者也称为棚舍。其特点是独立柱承重，不设墙或只设栅栏或矮墙，其结构简单，造价低廉，自然通风和采光好，但保温性能差。开放式牛舍可以起到防风雨、防日晒作用，小气候与舍外空气相差不大。开放式牛舍适用于我国大部分地区的肉牛生产，炎热地区需做好棚顶的隔热设计。

4. 犊牛舍

新生犊牛自身免疫机制尚未发育完善，抗病能力较差，对饲养管理的要求较高。犊牛是最脆弱和最敏感的牛群体，周边环境温度和牛舍条件对犊牛生长发育起着重要作用。犊牛舍设计原则是，既满足饲养工艺要求，又能符合清洁、干燥、通风、阳光充足、保温的环境要求，达到减少犊牛疾病发病率、提高饲养成活率的目的。

犊牛最佳环境空气温度是21℃左右，新生犊牛的下限临界温度约在10℃。

长江、黄河流域冬天最低温度一般为0~5℃，犊牛舍可采用半开放式牛舍结构。北方地区冬天环境温度很低，往往达到-40~-30℃，犊牛舍可采用封闭式牛舍结构。

犊牛从出生到断奶应将其单独饲养，防止犊牛之间相互传播疾病。断奶后犊牛按年龄和体型大小分组饲养，每组3~5头。4月龄时，每组数量可为6~12头。犊牛舍内切忌饲养密度过大，饲养密度过载可造成犊牛应激，导致消化紊乱甚至生病。2~4月龄犊牛群组饲养时，应保证空间大于$3m^2$/头；4~8月龄，每头犊牛牛舍内平均占有面积$4m^2$以上。

犊牛舍地面由前向后要设计1.5%~2%的坡度，犊牛栏后面设有排水沟，以便及时将水排出，保持舍内干燥。犊牛栏之间用高1m的挡板相隔，饲喂槽端为栅栏，高1m，栏上配有可放饮水桶和料桶的环，两个桶之间相距10~15cm，可以防止犊牛饮水后立即吃料，或吃料后立即饮水，而造成犊牛料被水浸，或饮水被料弄脏。犊牛栏床的部分离地面20~30cm，便于清理犊牛粪便和污物。

5. 育肥牛舍

育肥牛舍通常采用对头式，育肥牛牛床加粪尿沟长2.2~2.5m，宽0.9~1.2m，坡度为1%~3%。牛床外侧设有排粪沟，沟宽25~30cm，深10~15cm，沟底呈6%坡度，以便污水流淌。牛床应高出地面5cm，饲料通道高出地面10cm为宜，一般宽1.2~1.8m（根据饲喂设备而定）。饲槽上口宽60~70cm，下底宽35~45cm，近牛侧槽高40~50cm，远牛侧槽高70~80cm，底呈弧形，在饲槽后设栏杆，用于拦牛。

（二）牛舍结构和作用

1. 基础、地基

房舍的墙或柱埋入地下的部分称为基础，它是牛舍承载的构件之一，它承担通过墙、柱传递的房舍的全部荷载，并再将其传递给基地。基础必须具备坚固、耐久、防潮、防冻和抗机械作用等能力。一般基础应比墙宽，加宽部分常做成阶梯形，称“大放脚”。基础通过“大放脚”来增大底面积，使压强不超过地基的承载力。北方基础埋置深度应在土层最大冻结深度以下，但应避免将基础埋置在受地下水浸湿的土层中。按基础垫层使用材料的不同，基础可以分为灰土基础、碎砖三合土基础、毛石基础、混凝土基础等。目前，在畜舍建筑中，已经采用了钢筋混凝土与石块组合结构作基础。

基础下面承受荷载的那部分土层称为地基。地基和基础支撑着畜舍地上部分，保证畜舍的坚固、耐用和安全。因此，地基和基础必须具备足够的强度和稳定性。建造牛舍的地基应是质地均匀、结实、干燥且组成一致、压缩性小而均匀（不超过2~3cm）、抗冲刷力强、膨胀性小、地下水位在2m以下，并无浸湿作用。沙砾、碎石、岩性土层有足够厚度且不受地下水冲刷的砂质土层是良好的天然地基。黏土和黄土含水多时，土层较软，压缩性和膨胀性均大，如不能保证干燥，不适宜作天然地基。

2. 墙、柱

墙体是畜舍的主要构造部分，具有承重和分割空间、围护作用。墙体承重作用是指墙体将房舍全部荷载传递给基础或地基；围护、分割作用是指墙体将畜舍与外界隔开或对畜舍空间进行分割的主要构造。墙体对畜舍内温度和湿度状况影响很大。据测定，冬季通过墙散失的热量占整个畜舍总失热量的35%~40%。外墙墙身与舍外地面接触的部位称勒脚。勒脚经常受屋檐滴下的雨水、地面雨雪的浸溅及地下水的浸蚀。为了防止墙壁被空气和土壤水汽浸蚀，可在勒脚与墙身之间用油毡、沥青、水泥或其他建筑材料铺1.5~2.0cm厚的防潮层。

柱是根据需要设置的牛舍承重构件。一般采用独立柱，可为木柱、砖柱、钢筋混凝土柱等；如用于加强墙体的承重能力或稳定性时，则做成与墙合为一体但凸出墙面的壁柱。

3. 地面

地面是畜舍建筑的主要构件。畜舍地面的作用不同于工业与民用建筑，肉牛的采食、饮水、休息、排泄等生命活动和一切生产活动，均在地面上进行；畜舍必须经常冲洗、消毒；牛的蹄对地面有破坏作用，而坚硬的地面易造成蹄部伤病和滑跌。因此，畜舍地面必须坚固、保温、不滑，无造成外伤的隐患、有一定弹性的坡度，防水，便于清洗消毒，耐腐蚀。牛舍地面的坡度要求为1%~2%。地面的防水和隔潮性能对地面本身的导热性和舍内卫生状况影响很大。地下水位高的地区，要对地面进行防潮处理。

畜舍地面可分实体地面和缝隙地板两类。根据使用材料的不同，实体地面有素土夯实地面、三合土地面、砖地面、混凝土地面、沥青混凝土地面等；缝隙地板有混凝土地板、塑料地板、铸铁地板、金属网地板等。

4. 屋顶

屋顶主要起遮风、避雨、雪和隔绝太阳辐射、保温防寒等作用。由于屋顶在夏季接受太阳辐射热比墙多，而冬季由于舍内外温差大，舍内空气受热上升，失热也多，因此，屋顶必须有较好的保温隔热性能。

屋顶的基本形式有坡屋顶、平屋顶和拱形屋顶3种。坡屋顶又可分为单坡

式、联合式、双坡式、半钟楼式、钟楼式，多个畜舍单元或多幢畜舍组合在一起则形成联体式。牛场通常采用双坡式屋顶为主，这种形式的屋顶可适用于跨度较大的牛舍。牛舍需要适当的高度，一般牛舍净高是 2.8m。在寒冷地区，适当降低净高有利于畜舍保温，而在炎热地区，加大净高则有利于通风降温。

5. 门窗

牛舍的门一般要考虑管理用车的通行，其宽度应按所用车的宽度确定。牛舍门宽度一般 2.0~2.2m，高度 2.0~2.4m。

四、运动场

（一）运动场的设置

肉牛每日定时到舍外运动，可促进机体的各种生理机能，增强体质，提高抗病力。运动对种用牛尤为重要。舍外运动能改善种公牛的精液品质，提高母牛的受胎率，促进胎儿的正常发育，减少难产。因此，给肉牛设置运动场是完全必要的。

运动场应设在向阳背风的地方，一般是利用畜舍间距，也可在畜舍两侧分别设置。如受地形限制，也可设在场内比较开阔的地方，但不宜距畜舍太远。

运动场要平坦，稍有坡度（1%~3%），以利于排水和保持干燥。其四周应设置围栏或墙，高度一般为 1.2~1.5m。运动场的面积一般按每头牛所占舍内平均面积的 3~5 倍计算。为了防止夏季烈日暴晒，应在运动场内设置遮阴棚或种植遮阴树木。运动场围栏外侧应设排水沟。

（二）放牧地的设置

对于适合放牧饲养的牛场，应考虑放牧地的设置。要求放牧地与畜舍保持较近距离，并有方便的交通联系。为了防止日晒雨淋，可在放牧地种植遮阴树，设遮阴棚，有条件的最好设一些分散式饮水源。

五、布局和朝向

（一）牛舍排列

牛场建筑物通常应设计为东西成排、南北成列，尽量做到整齐、紧凑、美观。生产区内牛舍的布置，应根据场地形状、牛舍的数量和长度，酌情布置为单列、双列或多列。净道是运输饲料和人员活动的通道，需要干净卫生；而污道则是处理废弃物和销售牛的道路，是不可能做到干净卫生的。净道和污道应分开，互不交叉，有利于环境卫生，可以避免粪便等废弃物中细菌和病毒的扩散和传播，有利于疾病控制和预防。

（二）牛舍朝向

畜舍建筑物的朝向关系到舍内的采光和通风状况。我国大陆地处北纬20°~50°，太阳高度角冬季小、夏季大，夏季盛行东南风，冬季盛行西北风。因此，畜舍宜采取南向，这样的朝向，冬季可增加射入舍内的直射阳光，有利于提高舍温；而夏季可减少舍内的直射阳光，以防止强烈的太阳辐射影响家畜。同时，这样的朝向也有利于减少冬季冷风渗入和增加夏季舍内通风量。

畜舍朝向可根据当地的地形条件和气候特点，采取南偏东或偏西15°以内配置。

（三）牛舍间距

相邻两栋建筑物纵墙之间的距离称为间距。确定畜舍间距主要从日照、通风、防疫、防火和节约用地等多方面综合考虑。间距大，前排畜舍不致影响后排光照，并有利于通风排污、防疫和防火，但势必增加牧场的占地面积。因此，必须根据当地气候、纬度、场区地形、地势等情况，酌情确定畜舍适宜的间距。

如前所述，畜舍朝向一般为南向或南偏东、偏西一定角度。根据日照确定畜舍间距时，应使南排畜舍在冬季不遮挡北排畜舍日照，一般可按一年内太阳高度角最小的冬至日计算，而且应保证冬至日9:00—15:00这6个小时内使畜舍南墙满日照，这就要求间距不小于南排畜舍的阴影长度，而阴影长度与畜舍高度和太阳高度角有关。经计算，南向畜舍当南排舍高（一般以檐高计）为H时，要满足北排畜舍的上述日照要求，在北纬40°地区（北京），畜舍间距约需2.5H，北纬47°地区（齐齐哈尔）则需3.7H。可见，在我国绝大部分地区，间距保持檐高的3~4倍时，可满足冬至日9:00—15:00南向畜舍的南墙满日照。纬度更高的地区，可酌情加大间距。

根据通风要求确定舍间距时，应使下风向的畜舍不处于相邻上风向畜舍的涡风区内，这样既不影响下风向畜舍的通风，又可使其免遭上风向畜舍排出的污浊空气的污染，有利于卫生防疫。据试验，当风向垂直于畜舍纵墙时，涡风区最大，约为其檐高H的5倍；当风向不垂直于纵墙时，涡风区缩小。可见，畜舍的间距取檐高的3~5倍时，可满足畜舍通风排污和卫生防疫要求。

防火间距取决于建筑物的材料、结构和使用特点，可参照我国建筑防火规范。畜舍建筑一般为砖墙、混凝土屋顶或木质屋顶并做吊顶，耐火等级为二级或三级，防火间距为6~8m。

综上所述，畜舍间距不小于畜舍檐高的 3~5 倍时，可基本满足日照、通风、排污、防疫、防火等要求。

六、道路

（一）场内道路的规划

场内道路应尽可能短而直，以缩短运输线路；主干道路因与场外运输线路连接，其宽度应能保证顺利错车，为 5.5~6.5m。支干道与畜舍、饲料库、产品库、贮粪场等连接，宽度一般为 2~3.5m；生产区的道路应区分为运送产品、饲料的净道和转群、运送粪污、病畜、死畜的污道。从卫生防疫角度考虑，要求净道和污道不能混用或交叉；路面要坚实，并做成中间高、两边低的弧度，以利于排水；道路两侧应设排水明沟，并应植树。

（二）供水管线的配置

集中式供水方式是利用供水管将清洁的水由统一的水源送往各个畜舍，在进行场区规划时，必须同时考虑供水管线的合理配置。供水管线应力求路线短而直，尽量沿道路铺设在地下通向各舍。布置管线时应避开露天堆场和拟建地段。其埋置深度与地区气候有关，非冰冻地区管道埋深：金属管一般不小于 0.7m，非金属管不小于 1.0m；冰冻地区则应埋在最大冻土层以下，如哈尔滨地区冻土深度 1.8m 左右，一般的管线埋深应在 2.0~2.5m，京津地区一般埋深应为 0.8~1.2m。

七、绿化

绿化可以明显改善畜牧场内温度，增加畜牧场的湿度，吸附空气灰尘，减少畜牧场场区空气颗粒物。

（一）场界林带的设置

在场界四周应种植乔木和灌木混合林带，一般由 2~4 行乔木组成。在我国北方地区，为了减轻寒风侵袭，降低冻害，在场界的北、西侧应加宽林带的宽度，一般需种植树木在 5 行以上。该林带场界绿化带的树种以高大挺拔、枝叶茂密的杨、柳、榆树或常绿针叶树木等为宜。

（二）场区隔离林带的设置

主要用以分隔场内各区及防火，防止人员、车辆及动物随意穿行，以防止病原体的传播，结合环境绿化，应在各个功能区四周种植这种隔离林带。一般可用北京杨、柳或大青杨（辽杨）、榆树等，其两侧种植 2~3 行灌木。

（三）场内道路两旁的绿化

路旁绿化一般种 1~2 行，常用树冠整齐的乔木或亚乔木，如槐树、杏树、唐槭以及某些树冠呈锥形、枝条开阔、整齐的树种。

（四）运动场的遮阴林

在家畜运动场的南、西侧，应种植 1~2 行遮阴林。一般可选择树干高大，枝叶开阔、生长势强、冬季落叶后枝条稀少的树种，如北京杨、加拿大杨、辽杨、槐、枫及唐槭等。也可利用爬墙虎或葡萄树来达到同样目的。运动场内种植遮阴树时，可选用枝条开阔的果树类，以增加遮阴、观赏及经济价值，但必须采取保护措施，以防家畜破坏。

此外，畜牧场不应有裸露地面，除植树绿化外，还应种草、种花，如紫花苜蓿、黑麦草、苏丹草等。

八、北方带犊母牛舍设计

在肉牛良种繁育场，母–犊生产的管理形式主要有两类：一是全舍饲，二是放牧加补饲，放牧密度和补饲情况视牧草的数量和质量而定。对于犊牛的饲养管理，更多的研究焦点放在母犊分离与否对犊牛行为、健康、应激反应的影响上。有研究发现，与母犊分离后犊牛单独饲养或小群饲养相比，母带犊饲养更利于犊牛降低对外界环境的应激反应，避免吸吮等行为异常的发生。而母带犊饲养也分“母带犊”自然哺乳和母子分栏“母带犊”定时哺乳，养殖场可根据母牛情况按需选择。一般对于母性好、泌乳充足、体况良好、身体恢复正常的母牛，可以实施“母带犊”自然哺乳；而对于母性好、泌乳量少、体况评分不达标的母牛，推荐采用母子分栏、“母带犊”定时哺乳，有利于母牛恢复体况，尽早实现产后发情配种，也有利于犊牛采食犊牛料，促进瘤胃发育，实现早期断奶。

（一）牛舍朝向

牛舍的朝向直接影响采光和防寒防暑。南北朝向牛舍光照照射范围大，阳光射入舍内较深，能够长时间照射牛体，但是全天辐射南北两侧不均匀，辐射主要集中在南侧，北侧接收热辐射少。东西朝向牛舍两侧墙面接收日照的情况相同，冬至日舍内还能得到 1~3h 的日照，牛舍全天太阳辐射较均衡，东西两侧温度均能提高，利于肉牛生产。养殖场可结合牛场场地情况，参考当地民房的朝向，综合选择东西朝向或南北朝向。

（二）牛舍样式与平立剖面设计

北方带犊母牛舍设计为门式钢架结构，跨度 18m、檐高 4.2m，长度可根据场地大小与饲养规模确定、采用双坡屋顶、75mm 厚彩钢夹芯板屋面，屋顶坡度为 1∶3（最低可 1∶5），牛舍窗台 1.6m 以下为 240mm 砖墙，1.6m 以上为 75mm 厚彩钢夹芯板。舍内双列布置，中间饲喂通道宽度 5.0m（根据饲养规模选择撒料车，一般要求除去地面食槽的净走道≥饲喂车宽度+0.6cm），包括两条 0.6m 宽的地面食槽和 3.8m 宽的饲喂走道，便于撒料车进行机械投料；饲喂走道两侧为牛栏，靠近饲喂走道是 3m 宽采食、清粪通道，采用硬化地面，方便铲车机械清粪，靠近纵墙是 3.3m 宽卧床，地面采用硬化地面上铺设厚垫草。每单元设通往运动场的门 1 扇，该处卧床断开，地面同清粪通道，卧床端头设恒温饮水器，并设 1.5m 高混凝土挡墙，防止饮用水泼洒至卧床。在每栏一侧设犊牛活动区域，犊牛占地面积 1.0~2.0m^2/头，与母牛栏用栏杆隔开，犊牛卧床区域可根据需求采取地板加热局部供暖，以利于犊牛躺卧。

牛舍两端墙各设置 3 扇门，中间为电动卷帘门，门宽 3.9m，门高 3.9m，正对饲喂走道；两侧门为推拉门，正对清粪走道，门宽 3.0m，门高 3.9m。东西纵墙通常设置 1.6m 高窗台，2.2m 高窗户，檐下设 20cm 通气缝，可满足冬季最小通风量需求。同时，为了进一步增大新建牛舍的采光面积，屋面通常设置 1.0m 宽、10mm 厚的 PC 阳光板，利于提高牛只的热辐射接收量。

第二节　牛场设施设备及其应用

牛场设施设备包括青贮饲料制作设施、饲喂设施、饮水设施、粪尿清除设备、通风设备、供暖和降温设备、照明设备等。

一、青贮饲料制作设施

（一）青贮池（窖）

常见的青贮池分为地下式、地上式和半地下式，场地要求：池底应距离地下水位 0.8m 以上，离牛舍较近的地方，地势须高燥、易排水。青贮池内的地面用水泥抹平，由里向外要有一定的坡度，以便液体能够排出，流到青贮窖前面挖的小沟里。在南方或多雨的地方青贮池最好设计成地上式，防止雨水渗入青贮饲料，导致霉变腐烂，在北方大多采用地下式。青贮池形状一般采用长方体，池四角修成弧形，便于青贮料下沉，排出残留空气。

青贮池的大小要与养殖场的规模相适应。按每天每头牛需要 15kg 青贮饲料（不分大小牛），每立方米盛装 500~600kg 青贮饲料计算青贮池大小。青贮池的高度一般设计为 2~2.5m，如果采用机械取料，高度可设计为 2.5~3.5m。青贮窖最小宽度是拖拉机宽度的 2 倍（最小的拖拉机宽度为 2.4~3m，所以最小青贮窖宽度是 4.8~6m）。此外，青贮池的宽度要根据肉牛的每天采食量计算，保证每天所取青贮料的厚度不少于 30cm，这样可以抑制霉菌的生长。

（二）青贮饲料收获机

青贮饲料收获机的主要工作部件包括喂入装置、切碎装置、抛送装置和籽粒破碎装置，能实现对多种不同农作物的青贮饲料收获工作。喂入装置的作用是引导并将秸秆喂入收获机中，对于玉米和高粱的收获机喂入装置多采用四辊压缩式喂入结构。切碎装置是决定青贮饲料品质的重要装置，切碎装置通常采用圆盘刀盘切割或滚刀式切割。抛送装置主要是将切碎装置切割后的饲料进行输送的装置，能够将切碎的茎秆等输送至籽粒破碎装置中。籽粒破碎是新型青贮饲料收获的重要工序，籽粒破碎装置主要包括壳体、刀盘、破碎辊轴、摇杆、带轮、夹持结构等部件。工作中，通过发动机提供的动力，皮带轮带动破碎辊轴上的多组刀盘实现旋转，对物料进行揉搓、剪切和破碎，同时在高速旋转过程中会产生向上的抛送力，将物料破碎后送至抛料筒，并沿抛料筒内壁抛出，由集料车收集并运输。

二、饲喂设施

（一）喂料车

饲料车是移动式喂饲设备，一般用内燃机或拖拉机动力输出轴驱动，料箱底部设有排料螺旋，在行走过程中将饲料送到食槽。在人工喂料时，一个工人可喂养肉牛 100 头左右，采用喂料车，1 个人能完成 2 000 头肉牛的喂料工作，在人工成本较高的地方或养殖规模较大的肉牛场可购买肉牛喂料车，能提高肉牛养殖效益。

（二）TMR 饲料搅拌机

TMR 饲料搅拌机是把切断的粗饲料和精饲料以及微量元素等添加剂，按奶牛不同饲料阶段的营养需要进行搅拌混合，从而达到科学喂养的目的。现在市场上先进的 TMR 饲料搅拌机带有高精度的电子称重系统，可以准确地计算饲料，并有效地管理饲料库。

三、饮水设施

在集约化肉牛养殖场中，对饮水设备的技术要求是，能根据肉牛需要自动供水；保证水不被污染；密封性好，不漏水，以免影响清粪等工作；工作可靠，使用寿命长。

（一）自动饮水器

肉牛养殖一般常用杯式饮水器。根据控制水流出的阀门结构，分为弹簧阀门式和配重阀门式。牛用弹簧阀门式饮水器与猪用饮水器相比尺寸较大。配重阀门式饮水器依靠在阀门上的配重重力封闭出水口。牛饮水时压板绕支点转动，提起阀门和配重，使水流出。牛不喝水时，阀门重新封闭出水口。一般2头牛共用一个饮水器，但有时出现有些牛在饮水器的使用上占主导地位，常导致另外一头牛饮水量不足，影响其生产性能的正常发挥。所以，在投资允许的情况下，每头牛一个饮水器更为合适。自动饮水器一次投资较大，但水质有保障，浪费也少，容易保持牛床干燥。典型的饮水器为碗状，直径20~25cm，深度为10~15cm，有些公司将其设计为椭圆形，以便于2头奶牛共用。

（二）饮水槽

饮水槽设置在比较开阔的地方，保证奶牛有充足的空间移动，水槽周围2.1~2.2m为饮水奶牛活动范围，奶牛正后方留出125cm或250cm作为单列或双列奶牛通过的通道。

（三）连通式饮水器

我国中小型牛场常见的借助液体连通器原理制作的饮水器。材料来源简单，造价较低，但牛采食过程中容易将饲料碎屑等带入饮水器，长时间不清理容易污染水质，有时也容易造成饮水器内水溅出，弄湿牛床。连通式饮水器一般多为长方形，长为30~40cm，宽为20~25cm，深度为15~30cm；饮水器供水流量较小时，可以适当增加深度，保证牛饮水高峰时水量充足。饮水器内水面距离饮水器上缘5~8cm，减少水溅出。

四、粪尿清除设备

现在规模化牛场主要由机械除粪。机械除粪常用的有连杆刮板式、环形链刮板式和双翼形推粪板式等类型。

（一）连杆刮板式除粪设备

由驱动装置、推粪杆和刮板等组成。刮板销连在推粪杆上，由驱动装置驱动刮板除粪，适用于在单列牛舍的粪沟内除粪。

（二）环形链刮板式除粪设备

由水平运转的环形链刮板式输送器、倾斜链刮板式升运器和驱动装置等组成。水平刮板输送器将粪沟内的粪便刮到牛舍的一端，再由倾斜链刮板式升运器送入拖车。适用于在双列牛舍的粪沟内除粪。

（三）双翼形推粪板式除粪设备

由驱动装置通过钢丝绳牵引双翼形推粪板，在粪沟内除粪，适用于宽粪沟的隔栏散养牛舍的除粪作业。

第三节　牛场环境控制技术

为了提高肉牛生产水平、牛肉产品质量和经济效益，必须对牛场环境进行控制与管理。牛舍的设计必须符合肉牛生物学特性的需要。

一、牛舍的防暑与降温

从肉牛生理角度讲，肉牛一般比较耐寒而怕热，特别是成年肉牛，在高温季节生产力显著下降，给肉牛养殖生产和经营带来了重大的损失。我国由于受东亚季风气候的影响，夏季南方、北方普遍炎热，尤其是在南方，高气温持续期长、太阳辐射强、湿度大、日夜温差小，对肉牛的健康和生产极为不利。因此，在南方炎热地区或北方夏季，解决夏季防暑降温问题，对于提高肉牛生产水平具有重要意义。

（一）牛舍的隔热设计

在高温季节，导致舍内过热的原因有两个：一方面大气温度高、太阳辐射强烈，牛舍外部大量的热量进入畜舍内；另一方面肉牛自身产生的热量通过空气对流和辐射散失量减少，热量在牛舍内大量积累。因此，通过加强屋顶、墙壁等外围护结构的隔热设计，可以有效地防止或减弱太阳辐射热和高气温综合效应所引起的舍内温度升高。

夏季太阳辐射强度大，气温高，屋面温度可达60~70℃。太阳辐射作用于畜舍围护结构，一是直接引起空气温度升高，二是被围护结构吸收产生热量。屋顶选择隔热材料和确定合理构造，应选择导热系数较小的、热阻较大的建筑材料设计屋顶以加强隔热。但单一材料往往不能有效隔热，必须从结构上综合几种材料的特点，以形成较大热阻，达到良好隔热的效果。确定屋顶隔热的原

则是：屋面的最下层铺设导热系数较小的材料，中间层为蓄热系数较大材料，最上层是导热系数大的建筑材料。这样的多层结构的优点是，当屋面受太阳照射变热后，热传导蓄热系数大的材料层蓄积起来，而下层由于传热系数较小、热阻较大，使热传导受到阻抑，缓和了热量向舍内的传播。当夜晚来临，被蓄积的热又通过其上导热性较大的材料层迅速散失，从而避免舍内白天升温而过热。这种结构设计只适用于冬暖、夏热的地区，对冬冷夏热的地区，将屋面上层的传热性较大的建筑材料，换成导热性较小的建筑材料。根据我国自然气候特点，屋顶除了具有良好的隔热结构外，还必须有足够的厚度。

（二）降温设备

在高温环境中肉牛主要依靠蒸发散热，当环境温度高于体表温度时，机体只能靠蒸发散热来维持体热平衡，因此，直接对牛体进行喷淋，可有效缓解牛的热应激；同时，地面洒水、屋顶喷淋、舍内喷雾等均可起到环境降温的目的。牛场常用的降温设备是风扇、喷雾降温设备、湿帘降温设备。

喷雾降温的原理是在当喷雾设备喷出的雾状细小水滴蒸发，大量吸收空气中的热量，使空气温度得到降低，但降温的同时会增加舍内的湿度。喷雾降温的效果与空气湿度有关，当舍内相对湿度小于70%时，采用喷雾降温，可使气温降低3~4℃。当空气相对湿度大于85%时，喷雾降温效果并不显著。喷雾降温不能连续进行，一般以喷10~30s停30min较为理想。

（三）改变投料时间

在热应激期间，通过改变投料时间来促进肉牛采食，比如可以选择在下午时增加投料比例，晚上凉爽时牛就可以多次出来采食。在热应激条件下，改变投料时间可以显著提高牛的采食量和日增重。

二、牛舍保温防寒

在我国东北、西北、华北等寒冷地区，冬季气温低（黑龙江省甚至在-30℃左右），持续期长。低温寒冷会对肉牛养殖极为不利。在寒冷地区修建隔热性能良好的牛舍，是确保肉牛安全越冬并进行正常生产的重要措施。对于犊牛舍，除确保牛舍隔热性能良好之外，还需通过采暖以保证犊牛所要求的适宜温度。

（一）牛舍防寒保暖设计

在牛舍外围护结构中，散失热量最多的是屋顶与天棚，其次是墙壁、地面。在寒冷地区，天棚是一种重要的防寒保温结构，它的作用在于在屋顶与牛舍空间之间形成一个不流动的封闭空气间层，减少了热量从屋顶的散失，对牛舍保温起到重要作用。在寒冷地区也必须加强墙壁的保温设计，通过选择导热系数小的材料，确定合理的隔热结构和精心施工，就有可能提高牛舍墙壁的保温能力。如选空心砖代替普通红砖，墙的热阻值可提高 41%。在寒冷地区，在受寒风侵袭的北侧、西侧墙应少设窗、门，并注意对北墙和西墙加强保温，以及在外门加门斗、设双层窗或临时加塑料薄膜、窗帘等，对加强畜舍冬季保温均有重要作用。与屋顶、墙壁比较，地面散热在整个外围护结构中虽然位于最后，但由于家畜直接在地面上活动，所以畜舍地面的冷热状况直接影响畜体。水泥地面具有坚固、耐久和不透水等优良特点，但水泥地面又硬又冷。但多数牛舍均为水泥硬化地面，到了冬季牛直接趴在上面非常凉，可以铺垫锯末、稻壳等垫料进行保暖。

（二）防寒保暖的管理措施

在不影响饲养管理及舍内卫生状况的前提下，适当增加舍内畜禽的饲养密度，等于增加热源，这是一项行之有效的辅助性防寒保温措施。

防止舍内潮湿是间接保温的有效方法。由于水的导热系数为空气的 25 倍，因而潮湿的空气、潮湿的墙壁、地面、天棚等的导热系数往往要比干燥状况的空气、墙壁等的导热系数增大若干倍。换言之，畜舍内空气中水汽含量增高，会大大提高畜体的辐射、传导散热；墙壁、地面、天棚等变潮湿都会降低畜舍的保温能力，加剧家畜体热的消耗。由于舍内空气湿度高，不得不通过加大换气量排除，而加大换气量又必然伴随大量热能的散失。所以，在寒冷地区设计、修建畜舍不仅要采取严格的防潮措施，而且要尽量减少饲养管理用水，同时也要加强畜舍内的清扫与粪尿的排出，以减少水汽产生，防止空气污浊。

加强畜舍的维修，保养。入冬前进行认真仔细的越冬御寒准备工作，包括封门、封窗、设挡风障、堵塞墙壁、屋顶缝隙、孔洞等。这些措施对于提高畜舍防寒保温性能都有重要的作用。

三、牛舍光照的控制

光照对于肉牛的生理机能和生产性能具有重要的调节作用，牛舍能保持一定强度的光照，除了满足肉牛生产需要，还为人的工作和肉牛的活动（采食、起卧、走动等）提供了方便。

（一）牛的视觉特点

牛的视觉光谱是牛眼对光子波长的视觉响应光谱分布图。牛的视觉光谱波长范围在370~650nm。所以，养牛灯辐射的光谱波段370~650nm范围内的光谱分布形态与牛视觉所需光谱分布的相对匹配度。牛是双色视觉，在牛眼中主要有感应橙色光和蓝光的两组视锥细胞，牛眼在波长450nm和波长554nm附近处具有相对峰值灵敏度；牛眼视觉对600~650nm的视觉响应低，牛眼中的视觉无法检测到波长大于650nm的红光；牛眼视觉在对450~554nm的绿光波段存在视觉敏感度低谷。

人的视觉与牛的视觉存在显著差异，主要表现在绿光与红光的视觉敏感度上，此外，牛对蓝光的敏感度高于人视觉。

牛眼对物体的景深感知能力很差，其不能很好地区分物体之间的距离，当光照在地面上或其前方产生光照不均匀时，牛可能会停下来鉴别，因此，光照设计需要保证地面不存在明显的明暗交替，牛舍光照均匀度是非常重要的光照指标。

（二）自然光照

自然光照是让太阳的直射光或散射光通过牛舍的开露部分或窗户进入舍内以达到采光的目的。在一般条件下，牛舍都采用自然采光。牛舍的方位直接影响牛舍的自然采光及防寒防暑，为增加舍内自然光照强度，牛舍的长轴方向应尽量与纬度平行。牛舍附近如果有高大的建筑物或大树，就会遮挡太阳的直射光和散射光，影响舍内的照度。因此，在建筑物布局时，一般要求其他建筑物与畜舍的距离，应不小于建筑物本身高度的2倍。为了防暑而在牛舍旁边植树时，应选用主干高大的落叶乔木，而且要妥善确定位置。

牛舍采光系数是指窗户的有效采光面积与牛舍地面面积之比（以窗户的有效采光面积为1）。采光系数越大，则舍内光照度越大。犊牛舍的采光系数一般为1：（10~14），肉牛舍的采光系数一般为1：16。为了保证舍内得到适宜的光照，入射角应不小于25°，透光角不小于5°。

（三）人工照明

利用人工光源发出的可见光进行的采光称为人工照明。除无窗封闭牛舍必须采用人工照明外，人工照明一般作为牛舍自然采光的补充。在通常情况下，对于封闭式牛舍，当自然光线不足时，需补充人工光照，夜间的饲养管理操作须靠人工照明。

牛的视觉光谱波长范围在370~650nm。故白炽灯或荧光灯皆可作为牛舍照明的光源。白炽灯发热量大而发光效率较低，安装方便，价格低廉，灯泡寿命短（为750~1 000h）。荧光灯则发热量低而发光效率较高，灯光柔和，不刺眼睛，省电，但一次性设备投资较高，值得注意的是荧光灯启动时需要适宜的温度，环境温度过低，影响荧光灯启动。

牛更喜欢有遮蔽的环境或者避开正午的日光下休息，牛适合在中等光照水平生活，适度的光照水平可以提高牛对食物的识别率，增加采食均匀性，实现积极的饲料转化。总体来说，养牛灯属于低光子通量密度的应用范畴，光照强度在50~200lx。对于地面光照强度低于5lx时，评估为黑暗期。有研究表明，光照强度大于240lx可抑制褪黑激素分泌。

（四）照明设备的安装

灯的高度直接影响地面的光照度。光源一定时，灯越高，地面的照度就越小。为使舍内的光照比较均匀，应适当降低每个灯的瓦数，增加舍内的总装灯数。灯泡与灯泡之间的距离，应以灯泡距地面高度的1.5倍为宜。舍内如果装设两排以上灯泡，应交错排列，靠墙的灯泡，与墙的距离应为灯泡间距的一半。灯泡不可使用软线吊挂，以防被风吹动而使牛群受惊。

四、雨污分离技术

雨污分流是一种新型的排水体制，是将雨水与牛场粪尿、污水分开排放，各用一条管道输送，进行排放或后续处理的排污方式。雨水通过雨水管网（一般采用水泥修建）直接排到河道或鱼塘，尿液及清洗牛舍的污水需通过污水管网（一般采用PVC管）收集后进入沉淀池，经沉淀、微生物厌氧发酵，水质达标后再排到河道。雨污分流可减少沉淀池的建设容积，减少牛场污水的处理量。

从牛舍屋顶到屋檐流下的雨水汇集到雨水沟，坡度一般设置1.5%，沿场区道路两侧分布，道路上的雨水也汇集到雨水沟。猪舍内粪尿、污水通过200mm或3 000mm的PVC管道汇集到粪污沉淀池，再进行处理。

五、牛场废弃物的处理与利用技术

（一）牛粪的资源化处理

牛是反刍动物，饲料经过反复咀嚼，其粪质细密，加之饮水多，粪中含水量高，空气不易流通，粪中有机物难分解，腐熟较慢，属冷性有机肥。未经腐熟的牛粪尿肥效低，经过发酵腐熟，可以提高肥效。施用牛粪尿能使土壤疏松，易于耕作，改良黏土有良好效果。按全国有机肥品质分级标准划分，牛粪属三级，养分含量中等。

牛粪约含有17%的有机质，其中氮含量0.32%、磷含量0.25%、钾含量0.16%。牛粪可以增加土壤中有机质含量，提高土壤腐殖质活性，使土壤保持较好的透气性，提高了土壤微生物活性，为土壤微生物提供了丰富的养分，为植物生长提供了更全面、更充足的养分。但是牛粪含有83%的水分限制。

1. 牛粪处理工艺流程

首先是牛粪尿收集，进入集粪池，通过对粪尿混合物不断地搅拌至均匀混合，利用固液分离机进行分离，分离后的固体干粪通过堆积、发酵、晾晒等步骤得到有机粉料；粪水通过物理、化学和生物等方法进行多级处理后进行循环利用冲洗牧场或进行灌溉。

（1）堆肥。

首先要把牛粪沥干（去除部分水分），使其水分控制在85%以下，然后加入粉碎的秸秆，控制氮碳比在20~30，含水量控制在60%~65%，pH值控制在6.5~8.0。最后再加入有机肥发酵腐熟剂，充分搅拌均匀。

原料和辅料及菌剂混合搅拌后，可上堆发酵，上堆的要求是将混合料在发酵场上堆成底边宽1.8~3m，上边宽0.8~1m，高1~1.5m的梯形条垛，条垛之间间隔0.5m。条垛堆好以后，在24~48h内温度会上升到60℃以上，保持温度48h开始翻堆。

建堆：条垛堆的形状主要取决于气候条件和翻堆设备的类型，圆锥形（三角形）或采用平顶长堆。条垛堆参数一般为：底宽2~6m（根据设备而定），高1~3m，长度不限。

翻堆：翻堆时务必均匀彻底，将底层料尽量翻入堆中的中上部，以便充分腐熟。翻堆频率为每周3~5次，整个发酵周期需要30~60d。

（2）有机肥生产。

将发酵好的有机料进行干燥、粉碎、筛分，保证水分含量在25%以下。根据土壤状况及不同作物，添加无机养分以及浓缩有机质和微量元素，使肥料中营养元素满足不同作物生长需要。混合后的原料进入制粒机，颗粒直径一般为3~4mm。

2. 牛粪的循环利用

（1）制作有机肥。由于肉牛依靠瘤胃发酵获得很多营养，所以在肉牛养殖过程中很少使用抗生素，同时饲料中的重金属含量也比较低，而且食物通过肉牛消化道时已经经过一次发酵，这就使得牛粪是一种理想的有机肥料而被广泛地应用于一些有机蔬菜、水果、花卉等种植业中。

（2）用于食用菌的种植。由于牛粪中含有大量的营养有机质，可以用于食用菌的栽培基质。使用牛粪作为栽培基质时应当适当添加一定量无机肥料和秸秆或稻草等辅料堆制发酵，在水分达到60%~70%时可用于食用菌栽培。

（3）蚯蚓养殖。由于蚯蚓可以利用土壤中的腐烂物质，所以，通过调节牛粪中的有机物、温度、湿度、酸碱度等指标来达到饲养蚯蚓的目的。获得的蚯蚓可以用作畜禽及水产养殖上的蛋白质饲料。

（4）昆虫养殖。利用牛粪中丰富的有机质饲养一些昆虫的幼虫，如蝇蛆、黑水虻等。这些昆虫的幼虫含有丰富的蛋白质，可以作为优质的蛋白质饲料。

（二）牛场废水处理

牛场废水的主要成分是尿、部分残余的畜禽粪便、饲料残渣和冲洗水。例如，在生产中，先铲除大部分固体粪便，然后冲洗，则产生的废水量相对少，废水污染物浓度低；反之，冲洗前不进行清粪，则相对需要较多的冲洗水，排放的废水量也大，废水含高污染物，后处理难度大。

牛场废水污染物中的氮、磷对环境危害最大。氮和磷是植物生长发育所必需的营养物质，河流等洁净水体接纳大量氮和磷，会引起水体富营养化。此外，废水恶臭物质会降低水的利用价值；废水中的病原微生物和寄生虫卵，也会造成介水性传染病及寄生虫病的流行。

废水处理是采用各种手段和技术，将废水中的污染物分离除去或将其转化、分解为无害的物质，从而使废水净化达到农业灌溉用水标准或渔业用水标准而利用，或达到《中华人民共和国畜禽养殖场污染物排放标准》而排放的过程。

1. 筛滤法

牛场废水可采用筛滤法，利用过滤介质的筛除作用分离除去污水中悬浮物的一种方法。这种方法所使用的设备有隔栅、滤网、微滤和砂滤设备。隔栅是由一组平行的金属栅条制成的金属框架，斜置于废水流经的渠道上，或泵站集水池的进口处，用以阻截大块的漂浮物和悬浮物，以避免堵塞水泵和堵塞沉淀池的排泥管。栅条的间距按废水的类型而定。滤网用以阻留、去除废水中的纤维、纸浆等较细小的悬浮物。滤网一般由金属丝编制。常用的有旋流式滤网、振动筛式滤网等。微滤是利用多孔材料制成的整体型微孔管或微孔板来截留水中的细小悬浮物的装置。砂滤一般以卵石作垫子层，采用粒径0.5~1.2mm，滤层厚度1.0~1.3mm的粒状介质为滤料，用于过滤细小的悬浮物。

2. 混凝沉淀法

混凝法是向废水中投加混凝剂，在混凝剂作用下使细小悬浮颗粒或胶粒聚集成较大的颗粒而沉淀，从而使细小颗粒或胶体与水体分离，使水体得到净

化。目前常用的混凝剂有无机混凝剂和有机混凝剂。

无机混凝剂应用最广泛的主要有铝盐，如硫酸铝、明矾等；其次是铁盐，如硫酸亚铁、硫酸铁、三氯化铁等。有机混凝剂主要是人工合成的聚丙烯酸钠（阴离子型）、聚乙烯吡烯盐（阳离子型）、聚丙烯酰胺（非离子型）、十二烷基苯黄酸钠、羧基甲基纤维素钠和水溶性尿醛树脂等高分子絮凝剂。只需要投加少量，便可获得最佳絮凝效果。

混凝法除去水中悬浮物的原理是向水中加入混凝剂后，混凝剂在水中发生水解反应，产生带正电荷的胶体，它可吸附水中带负电荷的悬浮物颗粒，形成絮状沉淀物。絮状沉淀物可进一步吸附水体中微小颗粒并产生沉淀，使悬浮物从水体中分离。

3. 氧化塘处理法

氧化塘法是利用天然水体和土壤中的微生物、植物和动物的活动来降解废水中有机物的过程。国外氧化塘生物主要由菌类和藻类组成。国内氧化塘生物主要由菌类、藻类、水生植物、浮游生物、低级动物、鱼、虾、鸭、鹅等组成，将污水处理与利用相结合。按占优势微生物对氧的需求程度，可以将氧化塘分为好氧塘、兼性塘、曝气塘和厌氧塘。

厌氧塘水体有机质含量高，水体缺氧。水体中的有机物在厌氧菌作用下被分解产生沼气，沼气将污泥带到水面，形成了一层浮渣，浮渣可保温和阻止光合作用，维持水体的厌氧环境。厌氧塘净化水质的速度慢，废水在氧化塘中停留的时间最长（30~50d）。

曝气塘是在池塘水面安装有人工曝气设备的氧化塘。曝气塘水深为3~5m，在一定水深范围内水体可维持好氧状态。废水在曝气塘停留时间为3~8d。

兼性塘，水体上层含氧量高，中层和下层含氧量低。一般水深在0.6~1.5m，阳光可透过塘的上部水层。在池塘的上部水层，生长着藻类，藻类进行光合作用产生氧气，使上层水处于好氧状态。而在池塘中部和下部，由于阳光透入深度的限制，光合作用产生的氧气少，大气层中的氧气也难以进入，导致水体处于厌氧状态。因此，废水中的有机物主要在上层被好氧微生物氧化分解，而沉积在底层的固体和老化藻类被厌氧微生物发酵分解。废水在塘内停留时间为7~30d。

好氧塘水体含氧量多，水较浅，一般水深只有0.2~0.4m，阳光可以透过水层，直接射入塘底，塘内生长藻类，藻类的光合作用可向水体提供氧气，水面大气也可以向水体供氧。塘中的好氧菌在有氧环境中将有机物转化为无机物，从而使废水得到净化。好氧氧化塘所能承受的有机物负荷低，废水在塘内停留时间短，一般为2~6d，塘内几乎无污泥沉积，主要用于废水的二级和三级处理。

水生植物塘主要是利用放养植物的代谢活动对污水进行净化。水生植物塘放养的植物应有较强的耐污能力，常用的水生植物有水葫芦、绿萍、芦苇、水葱等。水生植物对污水的净化途径是：①吸收-贮存-富集大量的有机物，将有机物和矿物质转化为植物产品；②捕集-积累-沉淀水体有机物；③在水生植物根系表面形成大量生物膜，利用生物膜中微生物吸附降解水体有机物。

养殖塘主要养殖鱼类、螺、蚌和鸭、鹅等水禽。通过水产动植物的活动，将废水中的有机质转化为水产品。养殖塘深度在2~3m，水生植物以阳光为能源，进行光合作用分解污染物，浮游植物和浮游动物将水体中的植物产品和水体中有机物转化为鱼类饵料或畜禽饲料，最后通过畜禽和鱼类将水体有机物转化为动物产品。在利用养殖塘处理污水时，一般采用多塘串联，前一、二级池塘培养藻类和水生植物，第三、四级池塘培养浮游动物，最后一级池塘放养鱼类和水禽。用养殖塘只可处理富含有机质但不含重金属和累积性毒物的废水。

第四节　肉牛发酵床养殖技术

随着畜牧养殖行业的发展，新的养牛方式——发酵床养牛逐渐进入养殖户的视野。全面推广发酵床生态养牛技术，对于推动养牛行业的发展有非常重要的影响，因此，应积极推广发酵床养牛模式，助推农村畜牧业经济发展，助力乡村振兴。

一、发酵床生态养牛技术基本情况

发酵床技术相对其他产业类型是环保程度较高、无污染的养殖模式，养殖场把发酵床作为养牛生产基础设施，在饲养过程中，使用该养殖模式更加有利于养殖场对牛粪尿的处理。发酵床富含较多营养物质，有利于微生物菌群的生长，它能把粪便尿当作最重要的基本营养物质，进行快速增殖作用，并把所有致病细菌都加以有效地控制和杀死，还可迅速消化并分解养殖粪便中的有害物质，促进了排放工作的无臭、无味和无害化，进而达到生态养殖目的。

二、发酵床养牛工作原理

发酵床养殖方式主要是根据微生物能够进行呼吸作用，发酵床中的微生物可以在呼吸作用的过程中将牛的粪便及尿液进行分解代谢，使粪、尿氧化后分解为二氧化碳和水 2 种化合物，并在分解过程中产生巨大的热能，热能又促进微生物的分解能力，可将牛的粪尿等排泄物消化分解，进一步减少牛舍（栏、圈）的臭味，同时可以减少人工清洗过程。在养殖过程中以发酵床为载体，可促进有益菌群快速生长，与其他病原微生物形成竞争，有效控制、杀死其他病原微生物，促进健康养殖。发酵床养牛技术的重点就是使用活力较强的有益多功能菌群，能一直将畜禽类的粪便和尿液分解代谢为有用的物质及能量，实现降低污染、不排放污染物的目标，是目前为止养殖业认同的绿色饲养的新模式。通过发酵床生态养牛的饲养模式，在制作发酵床过程中，其垫料中的有益菌群数量较多，会对牛粪的腐熟性、发酵床的除臭效率、发酵过程中的温度及对有害菌群抑制均会产生影响。调查表明，优势菌组大多为一些兼性好氧菌，而这些细菌的适应区域也很广，大多以有氧呼吸为生长繁殖的方式，如一些大肠杆菌之类的微生物。

从发酵床垫料中筛选出来的优势菌株，如果将发酵床的温度控制在 50℃以下，有利于这些菌种的生长繁殖。而调查结果也表明，当垫料的温度到达 40℃时，就可判定发酵床可以使用，在此温度下，有益菌群能很好地发挥作用。因为发酵床中的有益微生物大多是兼性好氧菌株，发酵需要在有氧的环境下。对此发酵床垫料的选择尤为重要，如木屑、秸秆的疏通透气性好，而且内部为多孔构造，可以吸附空气中的水分和气体，因此常常被用作发酵床垫料首选。

三、技术要点

（一）牛舍建造

采用发酵床养牛的方式，牛舍的建造不仅要符合常规的牛舍建设要求，还应注重一些关键点的落实。在牛栏的底部必须有具备阻拦作用的实体墙面作为阻断，防止垫料倾撒到发酵床外。设计料槽时应考虑到喂食过程中，食物与垫料的阻隔，防止掺混。为防止牛在喝水时将水溅到发酵床上，设计时，水槽的位置应放在牛栏的外面。因微生物发酵过程中产生热量，在建造时要提前考虑好通风问题，并在夏季做好降温措施，或者在建造的过程中对墙体进行特殊的处理，达到通风降温的目的。

（二）发酵床制作

在实际饲养过程中，牛体重较重，同时牛也不会对垫料进行翻拱，常出现垫料的板结，俗称“死床”，“死床”中氧气含量减少，微生物的呼吸作用减弱。因此在发酵床制作时，挑选的垫料要同时具备良好的透气性、吸收性强、耐受腐蚀等多种性能。在发酵床实验研制及发酵床养牛的生产过程中，常见的发酵床制作，主要是通过湿式系统（提前发酵模式）与干撒式系统进行发酵床的制作。现阶段使用发酵床养牛常用的技术是湿式发酵床技术，因其制作过程工艺复杂、较为费时费力，在实际生产过程中有较多问题与不足。而干撒式发酵床制作技术，发酵床的制造简便、省时省力。在采用干撒式发酵床制作技术制造发酵床时，先在牛舍地板铺一层厚为50~90cm的发酵床垫料，再在发酵床垫料上均匀铺撒发酵用菌剂（部分菌剂必须进行稀释才能应用），调整到菌种适合生长的湿度，将材料掺混均匀完成发酵床的制作。

（三）发酵床日常管护

在发酵床养牛过程中，注重对发酵床的日常管护，主要是通过日常管护确保养牛过程中，发酵床微生态维持平衡，使有益菌群在发酵床中占主要部分，达到抑制、杀灭其他有害病原微生物，减少有害病原微生物的繁衍及产生的病害作用，并保证在发酵床上牛粪尿的消化分解水平持续进行，避免出现死床现象，也为牛的健康生长及发育创造一个适宜饲养的良好条件。

1. 垫料通透性管理

确保发酵床保持一定程度的粪尿分解能力的前提是保证垫料中含氧量维持在正常水平，必须充分保证其透气性，更有利于避免垫料出现板结情况从而变成“死床”，保证其透气性也能更好地促进微生物的繁殖而降低疾病发生率。为避免板结需要定期对发酵床进行翻新，注意在翻新过程中，要对翻新的频次进行合理的控制，每次翻新控制在7~10d进行，翻新深度25~35cm，对发酵床的翻新在50~60d需要进行1次深翻，将发酵床翻新到底，保证发酵床可正常进行发酵。

2. 水分调节

发酵床中水分的调节尤为重要，因发酵过程中产生大量热量，导致发酵床的水分挥发，含水量下降，当达到一定程度后，发酵床中的细菌微生物增殖就会受阻或者终止。应经常或根据发酵床垫料的含水量，对发酵床进行补水，保证发酵床中的水分含量保持38%~45%，保证细菌微生物有利于繁殖，进一步确保发酵床菌种的扩繁，同时保证发酵床的发酵作用，以达到对粪尿等排泄物的分解消化作用，延长发酵床使用时间。

3. 疏粪管理

对于动物而言，排泄粪尿表现出定点性，这种情况极易导致发酵床整体的均匀性受到破坏。在养殖过程中，牛的粪尿排泄物分布不均匀，在粪尿较多的地方，相对湿度较大，发酵床的分解作用也进一步减缓。在养殖过程中，饲养人员要定期对牛的粪尿等排泄物相对集中的地方，进行疏粪管理。将粪尿均匀地撒到发酵床上才能保证其水分的均匀性，使其与垫料混合均匀。此外，还有利于粪尿的分解。

4. 补菌

定时补给益生菌液是为了维持发酵作用床的正常微生态平衡，有利于维持微生物的分解消化作用。在发酵床上补充益生菌要做到每周 1 次，根据发酵床的实际情况，对其进行水分调节及疏粪管理，并根据益生菌产品的使用说明，对其进行稀释喷洒，在喷洒过程中注意边翻转发酵床边进行喷洒，保证菌群分布均匀。

5. 垫料补充与更新

发酵床中的垫料在发酵过程中也存在一定的消耗，适时地添加发酵床垫料，有利于维持发酵床的正常运行。在垫料补充过程中要注意随着发酵床的发酵作用，发酵床上的高温段会上移，持水力会下降，垫料从上到下的含水量会逐渐增多，或者在牛舍产生恶臭气味时，需要向发酵床补足垫料。一般在发酵床中垫料消耗到 10%左右需要对其进行一定程度的补充，在添加新垫料时，需要与旧料搅拌均匀，并调节好发酵床的水分。随着发酵床的运行，其下方垫物会逐渐地变黑，但是并不会散发臭味，反而会伴有酒香之气，发酵床整体温度较为平稳，时常会滋生一些白色的菌丝。

四、技术优势

（一）减少粪污排放量

合理运用发酵床养牛技术进行饲养，通过发酵床微生物菌群的分解作用，将牛的粪尿排泄物进行分解消化，减少养殖人员对牛舍频繁清洗的工作，同时减少冲洗过程中产生的污染物对周围环境造成的污染。发酵床养殖技术即便在高温季节也能有效地保持养牛环境清洁，从根本上降低有害物质的排放以及污染，全面促进山地农村产业发展。此外，经发酵腐熟后的牛粪物可以作为有机肥，形成资源化循环使用的利用方式，降低牛粪污的排放量。微生物菌群可使粪尿分解为氮、钾、无机盐，从而减少 NH_3、H_2S 等物质的生成，牛舍质量因而得以提高。安志民等研究人员证实，发酵床养殖技术养牛，牛舍所产生的 NH_3、H_2S 含量明显少于未使用发酵床技术的牛舍，该技术对提高牛舍环境质量意义重大。

（二）提高牛的动物福利

发酵床养牛技术的运用，可通过发酵作用对牛的粪尿等排泄物进行有效降解，有利于改善养殖场的环境卫生，同时保证牛舍冷暖空气的对流。而且通过发酵床的发酵分解作用很大程度上减少牛舍恶臭气味，对改善养殖场的饲养环境及周围的生态环境有积极作用。而且通过发酵床饲养技术的运用，可以减少牛的拴养，使牛在牛舍自由运动和采食，进一步提升动物福利，减少拴养带来的应激反应，还有采用发酵床饲养对动物疫病的防控及关节损害比拴养更加有利于保护牛。

（三）提高养殖效益

通过发酵床饲养技术，可进一步提高养殖的效益。首先，可进一步降低养殖场建设的成本，减少排污管道建设及粪污处理设备的购置费用，为养殖场节省一大笔治污的资金。其次，增加饲料的利用率，通过发酵，牛粪尿等排泄物被分解为供肉牛服用的菌蛋白质，使肉牛胃肠道的有益菌群增多，对粗饲料利用率得到提高，降低精料的饲喂，为养殖户节省一笔饲料经费。最后，节省劳动力和水资源等。发酵床饲养技术的运用，不需人力进行粪便的清理和冲洗，能节水 90%以上。

（四）提高优质有机菌肥生产

通过发酵床应用技术在养牛行业的推广，垫料经过二次发酵产生优质的有机肥料，有机肥价格低廉，能全面应用于农产品的种植中，有效降低农业经费支出。

五、注意事项

运用发酵床生态养牛技术进行肉牛的饲养时，需要根据养殖场的实际情况建设发酵床，经过合理的规划后，采用有效方式控制好养殖效果。在运用该技术时，控制好养殖场的饲养密度，养殖场通过发酵床进行生态养牛，主要目的是利用发酵床的发酵分解作用，有利于牛粪尿等排泄物的发酵分解。但在发酵床养牛过程中，发酵床发酵后会形成相应的热能，促使垫料内的水分挥发，同时菌种及垫料的消耗，都会影响发酵工作床工作，在运用发酵床养殖时需注重

发酵床的含水量、含菌量、垫料等，进一步保证发酵床的正常工作，同时还要对养殖密度加以适当调节，使之可适应肉牛的繁殖规律，而一旦密度过高，则易造成牛粪尿的积累超过预设重量，而发酵工作也就会随之中止。

全面推广发酵床生态养牛技术，对于推动养牛行业发展具有非常重要影响，充分发挥该项技术的规模化、环保化、生态化的优良特征，进而提升养牛过程中废物转化率，进而实现清洁生产，为助推乡村振兴农村产业高质量发展贡献微薄之力。

第六章　牛场疫病防控

第一节　牛场消毒防疫措施

一、牛场消毒措施

搞好牛场的卫生消毒工作是牛场防疫灭病工作的重要环节，它不仅可以消灭病原体，还可以中断传播途径，定期消毒的目的是消灭散播于牛舍内空气中和附着于墙壁地面的病原微生物，切断传播途径，保护人畜健康，因此应定期对环境、牛舍、地面土壤、粪便、污水等进行消毒、建立兽医化验检测室、消毒室、消毒更衣室、隔离室、废弃物处理场等防疫设施，配置必需的检验仪器设备和消毒药品是很有必要的。

（一）建立消毒制度

在牛场的进出口或生产区的出入口处，都应该设置消毒池，并在池中放入有效的消毒液，这样可对出入人员和车辆进行有效的消毒处理。外来人员不可随意进入养牛生产区，尤其是疫病流行期间，非生产人员也严格禁止进入生产区。如果养殖场引入新员工，进场前必须进行健康检查，确认没有结核病和其他传染病感染后方可进场。而养殖场工作多年的员工也应保证每年体检 1 次，一旦查出传染病，要及时在场外治疗。

饲养舍内需要安装消毒用的紫外线灯，一般要保持距离地面 2m 的距离，通常需要持续 30min 的消毒时间即可。生产中为了便于观察和治疗患病牛，应设置相应的隔离舍，通常将其建设在牛场的下风处和低洼位置，地面以水泥结构比较适宜，利于平时的消毒处理。

1. 日光消毒

日光能杀灭大多数微生物（细菌、病毒），对有些细菌如结核杆菌，太阳直射 1h 就能将其杀死。在天气晴好时，经常开门窗，让阳光进入畜舍，对家畜健康十分有益。

2. 紫外线消毒

一般室内消毒，如消毒室、手术室、更衣室等的消毒，都可用紫外光灯照射消毒。

3. 干燥消毒

病菌的繁殖需要一定的湿度和温度，若牛舍内空气污浊、湿度大，病菌的繁殖速率加快，动物的发病机会就会增加。在这种情况下，牛只发病率增高，而且不容易治愈。因此，牛舍须经常通风换气及保持干燥，这样既可减少致病菌数量，也给家畜提供一个良好的生活环境。

4. 火焰消毒

牛舍的屋角、墙缝、地缝等地方是病菌长期生存繁殖的地方，通常是药物消毒的死角。在保证安全的前提下，用火焰喷灯定期消毒室内死角，消除隐患。

5. 药物消毒

病原微生物入侵动物体后，达到一定的数量和足够的毒力时，会使动物发病，所以要定期使用药物进行消毒。

（二）消毒灭虫

要做好防疫工作，只清理牛粪注重卫生还不够，那样只是减少病菌滋生，还需要从源头上消灭病菌。注意刷拭牛体。从左到右，从上到下，从前到后顺毛梳刷，清理臀部污物。注意牛体有无外伤、肿胀和寄生虫，保持牛的体表卫生。刷拭工具定期清洗消毒。定时给牛场消毒是很重要的，常用的消毒药物：10%~20%的石灰乳，2%~4%氢氧化钠溶液，1%~10%的漂白粉混悬液等，但不能使用酚类消毒剂，消毒药需要定期进行更换，以免致病菌对消毒药产生耐药性。牛舍每周消毒1次，主要用氢氧化钠溶液消毒，也可撒干石灰粉。

（三）粪便、污物进行无害化处理

牛的粪便与污物含有大量病菌及虫卵，是各种传染病与寄生虫病发生的主要原因。因此，粪便与污物应集中并加入消毒药物堆积发酵，经过高温杀灭病原微生物及虫卵，以有效地防止各种传染病、寄生虫病的发生。牛场牛粪、牛尿和垫料要干湿分离并堆积发酵处理后，种养结合用作农家肥，或养殖蝇蛆、蚯蚓。

牛舍每天清理粪便2次。舍内一般1~2周用10%~20%漂白粉或其他的消毒液喷洒消毒1次。当牛舍空栏后，用3%的温热火碱水彻底消毒牛舍及用具，24h后将地面和用具用清水冲洗干净，在调入新牛前，再用其他消毒液进行全舍喷雾消毒。

(四) 限制进出隔离 (门卫严格把关)

(1) 严格对进出规模养殖场的车辆和人员进行登记造册，严禁无关人员和车辆进入规模养殖场和随意流动。

(2) 严格禁止外来畜禽及其产品随意进入规模养殖场和流动。

(3) 对进出规模养殖场的车辆 (特别是运载畜禽及其产品的车辆) 进行严格消毒，车辆消毒的主要部位在轮胎、车身、车厢、车架、车底盘上。

(4) 外来人员及工作人员进出规模养殖场必须进行鞋底的消毒。

(5) 养殖场工作人员限制任意离开生产场区，必须离开生产场区时，离进场都要进行严格的消毒，更换衣裤鞋帽。

(6) 生产场区严禁工作人员及业务主管部门专业人员以外的人员进入，生产场区内使用的车辆禁止离开生产场区使用，运输饲料、动物的车辆定期进行消毒。

(7) 管理区建设监控室，配备必要的监控设备，用于生产管理和接待介绍。

(五) 牛舍内外消毒

饲喂工具专舍专用并定期消毒，饲槽水槽和牛体表及时清理，冲洗干净。每周对牛舍内外和牛体表消毒 2 次。消毒程序：转出牛群→彻底清扫→高压水洗→喷洒消毒剂→清洗→干燥→喷洒消毒剂→转入牛群。选择抗菌谱宽、高效、低毒、低残、使用方便的消毒药物；消毒药严格按药品使用说明书使用；每隔 3 个月轮换用药，防止产生抗药性。每年春、秋两季各进行 1 次牛舍周围环境的彻底消毒。

(六) 常用消毒药的种类及使用方法

(1) 生石灰，用 10%~20%的乳剂涂刷墙壁和地面，要现用现配。

(2) 来苏儿 (煤酚皂溶液)，对芽孢无效，常用 1%~2%的溶液消毒手和器械，4%~5%的溶液消毒厩舍、运输车辆等。

(3) 氢氧化钠，也称苛性钠或火碱，对细菌和病毒的杀灭力很强，增加浓度可杀灭芽孢。0.5%~1.0%的浓度可用于畜体消毒和室内喷雾，一般消毒用 2%~3%的浓度。

(4) 新洁尔灭，用 0.1%~0.2%的浓度消毒手、皮肤和手术器械等。

(5) 农乐 (菌毒敌)，对细菌和病毒有效，1%~2%的浓度用于消毒被污染的畜舍、场地及运输工具。

(6) 酒精(乙醇),70%~75%的溶液用于手、器械、皮肤、注射部位的涂抹消毒。

(7) 碘酒(碘酊),杀菌作用很强,用70%~75%的酒精配制成2%~5%的碘酊,能杀灭细菌、病毒、霉菌和芽孢,一般用于手术部位、伤口的涂抹消毒,动物多用5%的浓度。

二、执行防疫规范

(一) 按时免疫接种

饲养场应该严格执行国家和地方相关部门制定的有关防疫规范。养殖场应制定免疫规范,并严格执行,选择正确的疫苗给牛群接种,同时还要明确具体的接种时间和剂量,保证操作正确规范。还要配合相关的检疫部门每年对结核病检疫2次,对布鲁氏菌病检疫1次,还应严格执行上级兽医防疫主管部门规定的必检疫病。

(二) 防止疫病传入

养殖场应始终坚持自繁自养的饲养原则,如果必须从外场购牛时,应向被选购牛场索取畜牧检疫部门出具的健康检疫证明,并在引入后先隔离观察和检疫,确认没有传染病感染可并群饲养。但要注意的是,感染传染病的牛是严禁调出或出售的。

坚持定期驱虫。要选择广谱驱虫药,每年春秋两季进行集中性全群驱虫,在转群、转场、转饲时也要驱虫。新购牛在隔离的15d要驱虫健胃,按照说明书交替使用驱虫药,防止耐药性,阿维菌素和伊维菌素类驱虫药要7d后重复使用1次。

驱虫药投喂后5h内要有专人值班,观察牛只,如果发现有牛中毒,立即进行解毒处理。驱虫后的牛粪要经过干粪堆积发酵处理才能作农家肥,防止驱虫药打下来的病原寄生虫散布。

(三) 发现病牛及时诊治

发现疑似传染病及时隔离、尽快确诊、及时上报当地动物防疫机构和业务主管部门,以便接受防疫指导和处理。对病牛或可疑病牛污染的场地、用具和其他污染物要彻底消毒,吃剩的草料、垫料物要烧毁,粪便无害化处理。普通病要及时诊治,精心管理,争取早日恢复正常生长。牛场内如果出现需要剖检的情况,应由专业人员进行剖检操作,之后再采取无害化的处理方式,对病死牛尸体接触过的地方和运送尸体的车辆都需要进行相应的清洁和消毒处理。

第二节　肉牛常见传染病及其预防措施

一、肉牛常见病毒性传染病

(一) 肉牛流感

1. 流行病学

病原为流感病毒。在气温骤变，如春夏之交和多雨季节时，因劳役过度、营养不良、畜舍不清洁或潮湿等原因，而使肉牛呼吸道黏膜的抗病力下降，原来存在于呼吸道或通过呼吸而进入呼吸道的流感病毒，便可损害黏膜侵入血液，并在血液中大量繁殖和产生毒素，致使肉牛得病。

2. 临床诊断

流感病毒危害黏膜上皮细胞，其毒素毒害中枢神经系统，因而出现下述一系列症状：发病初期体温升高到40~42℃，呈稽留热型，鼻镜干燥而热，全身肌肉震颤，精神委顿；眼睛怕光流泪，结膜充血；呼吸急促，流鼻水，间有咳嗽，不吃不反刍，流口水，便秘或大便少而干，尿少，呈黄赤色。后期腹泻，四肢疼痛，步态不稳或跛行，孕牛常发生流产。如继发肺炎，咽喉麻痹时，则呼吸极为困难，甚至窒息而死亡。

根据该病的流行情况和症状特点得出初步诊断。肉牛流感发病突然，传播迅速，往往在1~2d内可使多数肉牛感染发病，表现出相似的症状，均以呼吸和消化系统的严重症状为特征。症状虽很严重，但如无继发感染，一般可在1周内不治而愈，复愈迅速，预后良好。

3. 预防与治疗

应注意预防继发感染，严防牛只倒地不起。

西药治疗以对症疗法（如解热镇痛）和预防继发感染为原则，以便减轻症状，缩短病程，可用下列处方：①肌内注射青霉素150万~300万U或20%的磺胺噻唑钠20~30mL，预防继发感染。②肌内注射复方氨基比林20~30mL，或百尔定10mL，解热镇痛。③静脉注射葡萄糖生理盐水1 000~1 500mL，强心补液。

中草药治疗：①黄柏、黄芩各30g，陈皮、大黄、胆草各15g，荆芥、防风、滑石各9g，咳嗽加杏仁15g，桔梗9g。加水4kg，煮存1kg，一次灌服。②三椏苦、一枝黄花、山大颜各200g，盐霜柏、酸味草、龙眼叶各120g，煎水灌服。③枇杷叶、紫苏叶各100g，地胆头、东风桔（或山桔）、茅根、土荆芥、黄皮叶各120g，加水4.5kg，煎存2.5kg，一次灌服。

（二）流行热

1. 流行病学

该病具有明显的季节性特点，主要发生在夏季，蚊虫叮咬，以及与病牛接触是常见的传染途径。通过血液、飞沫感染。水牛、肉牛等品种均是易感对象，壮年牛的发病率要高于犊牛。发病突然，传染性很强，通常在12h内波及整个牛棚或养殖场内的多数牛发病。该病多为良性经过，死亡率在5%以下。

2. 临床诊断

掌握牛流行热的病症表现，可为养殖人员第一时间判断病情、采取对策提供参考。发病早期，病牛有寒战现象，四肢不能站稳或正常行走，体温升至40~41℃。病牛眼睑变红，鼻镜干燥，呼吸急促。发病12h后，水食废绝，常卧难起，粪便干结，尿量也随之减少。如果是产后牛，乳量下降明显。

3. 预防与治疗

牛流行热暴发突然，做好预防工作尤其关键。进入6月后，就要开始加强养殖场的清洁卫生工作，及时清理粪污，做好灭蚊杀虫工作，消灭传染源，切断传播途径。如果出现疑似病例，或是判断为牛流行热后，养殖人员第一时间将病牛隔离开来，同时与病牛同栏的其他牛也要及时注射高免血清进行预防。病牛高热时，肌内注射复方氨基比林20~40mL。重症病牛给予大剂量的抗生素，并静脉注射葡萄糖生理盐水、维生素C等药物。

（三）口蹄疫

1. 流行病学

肉牛、奶牛是该病的易感对象，病牛可长期携带口蹄疫病毒，成为传染源。该病毒可以广泛存在于病牛的食道、消化道等部位，唾液、尿液、粪便等均可携带病毒，成为传染渠道。此外，老鼠、猫等也有可能成为传染媒介。该病在春季、冬季的发病率相对较高，具有发生突然、危害严重、传染率高等特点。

2. 临床诊断

不同品种、体质的牛感染，临诊症状会有差异，潜伏期有长有短，短则1~2d，长者可达到3周左右。其症状是在口腔、乳房、蹄部等位置发生水泡或溃烂。水泡会随着咀嚼、喂奶、走动等行为，发生破裂，进而形成溃烂。病牛体温升高至40℃左右。口部流涎，眼角流泪。严重的可引发心肌炎等其他病症。

3. 预防与治疗

通过接种弱毒苗或灭活苗，可以提高牛对口蹄疫的免疫能力。对病牛，要结合发病部位采取措施。对口腔治疗用0.1%的高锰酸钾溶液、2%醋酸或食醋洗涤口腔，然后给溃烂面上涂抹10%碘甘油。蹄部治疗用3%来苏儿浸泡蹄子。患牛有并发症或恶性口蹄疫时，除局部对症治疗外，可应用强心剂和营养补剂、抗生素等治疗。

（四）牛结节性皮肤病

牛结节性皮肤病又称牛结节疹、牛结节性皮炎或牛疙瘩皮肤病，是由山羊痘病毒属的牛结节性皮肤病病毒引起的、以皮肤痘疮样结节或溃疡、奶牛产奶量下降、肉牛皮张质量下降等为主要临床特征的牛病毒性传染病。

1. 发病情况

牛是主要的易感动物，不分年龄和性别，黄牛、水牛、奶牛、瘤牛，尤其是泌乳奶牛的易感性最高。发病率5%~45%，死亡率1%~10%。绵羊、山羊等也可感染。

牛结节性皮肤病病牛是主要传染源。患牛结节溃烂分泌物、脱落的痂皮中含有大量牛结节性皮肤病病毒。此外病牛的血液、肌肉、奶、唾液、眼鼻腔分泌物和精液中也含有牛结节性皮肤病病毒，病愈牛3周内体内还含有病毒并具有传染性。

该病通过蚊蝇等吸血节肢动物叮咬传播，非洲蜱虫也可充当媒介传播该病，还可通过饲料、饮水等直接接触传染。此外，牛结节性皮肤病病毒可通过母牛子宫内感染胎儿，也可通过被污染的牛奶或母牛皮肤损伤的乳房和乳头将牛病毒传播给牛犊。污染的精液也可传播，所以在该病流行的地区和发病季节，无论人工授精还是自然交配，都可能传播牛结节性皮肤病，所以应注意配种卫生和引种风险。

发病具有明显的季节性，多发生于夏季至晚秋昆虫较多的6—9月，雨后更甚。

2. 临床症状

（1）一般性临床症状牛结节性皮肤病的潜伏期，自然感染为2~4周，实验室感染为4~12d，平均为7d左右。发病牛最初表现体温升高在40℃以上，稽留热，持续7d左右，精神沉郁，食欲减退。泌乳牛产奶量下降，肩前、腹股沟外、股前、后肢和耳下淋巴结等处的浅表淋巴结肿大。公牛病后多不育，精液长期排毒；怀孕母牛可能会流产并持续数月不发情，或引起不孕不育。

（2）特征性临床症状病牛在颈部、头部、胸部、背部、乳房等部位的皮肤上出现几个或数个疙瘩（结节），高出皮肤表面，触诊界限明显并有痛感；逐渐遍及四肢及全身，有的只有局部出现疙瘩，有的遍及全身。疙瘩大多显圆形，直径2~3cm，有的稍大些，与周围皮肤界限明显。流口水，眼睛和鼻腔流出黏液性分泌物，进而引起角膜炎，角膜浑浊甚至失明。随着病情的发展，皮肤疙瘩可能遍布全身，并且在结膜、口角、鼻孔、口腔黏膜、喉部、气管、食道和皱胃等部位也出现结节，严重影响患牛的饮食和呼吸，逐渐消瘦，有些大结节或多量的结节，引起皮下水肿，尤其发生在四肢皮下水肿。

3. 病理变化

该病的主要病理变化是皮下水肿和结节脱落，引起皮肤坏死、溃疡和脱落，继发细菌感染和化脓。气管和肺的坏死病变可能导致肺炎；气管损伤愈合后结缔组织的收缩可能会导致局部气管塌陷，进而导致窒息；乳房部位的水肿和坏死病变可能会导致乳腺炎。

重症牛结节性皮肤病病例具有明显的特征性临床症状，结合实验室诊断基本能够确诊。但轻度感染的病牛，其临床症状与牛伪结核性皮肤病、牛疱疹性乳头炎（牛疱疹病毒2型）、嗜皮菌病、牛皮蝇等疾病很类似，应注意鉴别诊断。

4. 治疗

该病目前尚无特效治疗药物。一旦发现病牛，在做好安全隔离的情况下，进行中西医结合治疗，可防止继发感染，降低死亡率。

用碘伏、聚维酮碘溶液等碘消毒剂对皮肤病变（疙瘩）进行消毒清理。对发烧牛适量应用解热镇痛药（如安痛定注射），用氨苄西林、恩诺沙星等抗菌药注射控制继发感染。口服卡巴匹林钙和多维素及多糖类降低死亡率。

中兽医认为，牛结节性皮肤病是由于热毒郁结所致，热毒壅聚，气血凝滞，经络阻塞，肿疡乃生，进而肉腐化脓，皮破而溃，形成溃疡。如果热毒内侵，内伤脾胃肺等脏腑，热毒炽盛，外化成痘疮。可见高热、口渴、尿赤便干、舌红苔黄等症。如果邪盛正虚，热毒内陷，致全身感染成为败血症。热毒犯卫，表现咳嗽流涕，眼肿流泪，严重的表现浓度败血症死亡。个别病例痘疮出血成脓，溃烂恶臭。治宜清热解毒，扶正祛邪。

病初以清热解毒，宣肺解表为主。可用黄连、栀子各60g，黄芩、黄柏各45g，水煎候温灌服，每日1剂，分2次服用，小牛适当减量，连用5~7剂。也可用金银花、连翘各60g，葛根、升麻、土茯苓各50g，甘草30g，水煎候温灌服。每日1剂，连用5~7剂。

病牛中后期，痘疮逐渐好转，干瘪，形成痂皮，体温趋于正常，但由于病中消耗阳气，阴液亏损，体质偏虚，故治宜养阴清毒，扶阳正气。可用沙参、麦冬各45g，桑叶、花粉、白扁豆、玉竹各25g，甘草30g，水煎候温灌服。也可用黄芪90g，党参、金银花各60g，当归、川芎、白芍、白术、白芷、桔梗、甘草各30g，水煎候温灌服。每日1剂，连用5~7剂。

病牛康复期，有些病程长，体质差的牛，还存在精神较沉郁，两眼无神，食欲较差，粪干尿短的情况。治宜补中益气，滋阴壮阳。可用党参、茯苓、白术各45g，炙甘草30g。共研末，开水冲调，候温灌服。每日1剂，连用5~7剂。也可用黄芪、党参各60g，甘草45g、柴胡40g，白术、当归、陈皮、升麻各30g，红枣20g。水煎服，每日1剂，5~7剂为一疗程。

5. 预防

（1）综合防控。严格按照农业农村部2019年8月19日印发的《农业农村部关于做好牛结节性皮肤病防控工作的紧急通知》要求，按照“早发现、早报告、早确诊、早处置”的原则，坚决防止疫情扩散蔓延，保障牛产业持续健康发展。

①疫情排查。牛群中如果出现全身皮肤10~50mm的多发性结节、结痂，尤其是伴有肩胛下淋巴结、股前淋巴结肿大，奶牛乳房炎、产奶量下降等典型临床症状时，要立即全面排查，隔离病牛，限制移动，组织有关专家及时开展临床鉴别诊断。

②疫情报告。疑似牛结节性皮肤病病例所在地的县级以上动物疫病预防控制中心要及时采集可疑病牛的皮肤痂块、抗凝血、唾液或鼻拭子等样品，逐级上报并确诊、备份。

③疫情处置。一旦发现病例、坚决扑杀病牛并进行无害化处理，严格隔离和监视同群及附近健康牛，加强检测，严格消毒，防止该病扩散。地面、墙壁、车辆等运输工具、粪便等都要进行严格消毒、进行有效的灭蚊蝇等吸血昆虫工作，防止外部病原传入和内部病原传播。建立免疫带，紧急免疫完成后1个月内，限制同群牛移动，禁止发生疫情县活牛调出，同时不到发生疫情的地区和县购买牛。同时，加强流行病学调查，查明疫情来源和可能传播去向，及时消除疫情隐患。

（2）建立严格的消毒制度，有效彻底消毒除常规化学消毒剂对环境及可能污染的环境彻底消毒外，还可利用阳光和紫外线进行消毒。

（3）加强饲养管理，提高牛自身抗病能力给牛饲喂优质牧草和营养均衡饲料，添加适量多维素、黄芪多糖、益生菌等提高机体免疫抗病力的物质。给牛创造一个相对舒适的生活环境。

（4）免疫预防疫苗接种是当前主要的防控措施，但我国目前并没有针对该病的疫苗。因牛结节性皮肤病病毒与羊痘病毒和山羊痘病毒同属痘病毒，基因同源性高，具有高度交叉免疫原性，所以疫区和发现有发病牛的同群牛、周围牛全部用山羊痘弱毒疫苗 5~10 倍量（具体剂量按牛体重大小）皮内注射。因皮内注射容纳疫苗量小，所以要多点（最少分 5 点）皮内注射。

（五）牛流行热

由牛流行热病毒引起的急性、热性传染病，以高热、流泪、呼吸困难为特征。病毒对外界环境抵抗力差，56℃ 20min 即可死亡，对碱、酸、紫外线敏感。

1. 发病情况

由牛流行热病毒引起，主要侵害黄牛和奶牛。有明显周期性，为 3~5 年流行 1 次，大流行之后，常有 1 次小流行。多发于蚊蝇活动频繁的季节（6—9 月）。

2. 临床症状

病牛突然呈现高热 40℃以上，一般维持 2~3d；流泪，眼睑和结膜充血、水肿；呼吸急促，发出哼哼声，流鼻液；食欲废绝，反刍停止，多量流涎，粪干或下痢；四肢关节肿痛，呆立不动，呈现跛行；孕牛可流产；牛泌乳量下降或停止。发病率高，病死率低，常取良性经过，2~3d 即可恢复正常。

3. 病理变化

剖检可见上呼吸道黏膜充血、水肿和点状出血；间质性肺气肿以及肺充血、肺水肿；淋巴结充血、肿胀、出血；真胃、小肠和盲肠呈卡他性炎症和渗出性出血。

4. 防治

立即隔离治疗，对假定健康牛和受威胁牛，可用高免血清进行紧急预防注射。高热时，肌内注射复方氨基比林 20~40mL，或 30%安乃近 20~30mL。重症病牛给予大剂量的抗生素，常用青霉素、链霉素；并用葡萄糖生理盐水、林格氏液、安钠咖、维生素 B_1 和维生素 C 等药物，静脉注射，2 次/d。四肢关节疼痛，牛可静脉注射水杨酸钠溶液。

加强消毒，搞好消灭蚊蝇等吸血昆虫工作。

二、肉牛常见细菌性传染病

（一）布鲁氏菌病

1. 流行病学

布鲁氏菌是革兰氏阴性、球状杆菌，科兹洛夫斯基染色呈红色，目前确认的有牛种布鲁氏菌、羊种布鲁氏菌等 11 个种。布鲁氏菌主要存在于动物母体排出的胎儿、胎水和胎衣中，偶尔在乳、粪尿以及阴道流出的恶露内发现；通过皮肤黏膜、消化道、呼吸道等途径传播，交媾、苍蝇携带、吸血昆虫叮咬较少传播；主要侵害生殖系统。

牛布鲁氏菌病的主要病菌是布鲁氏菌。主要病源是病牛和带菌牛。该病发生于任何年龄的牛，一年四季都能发生，主要在春末夏初繁殖季节，且流行性强。病畜流产的畜胎、羊水、胎盘、阴道分泌物以及病畜的肌肉、内脏、乳汁、粪尿及其污染的皮毛、土壤、水源、草料、用具、叮咬病畜的蚊蝇和蟑螂等均可通过受损皮肤、黏膜、呼吸道和消化道直接或间接感染人、畜。

患病母牛流产、不孕、空怀、繁殖成活率低，肉牛牛肉产量下降，乳牛泌乳量减少。人患布鲁氏菌病后，劳动能力下降甚至丧失劳动能力，严重影响生育能力；被布鲁氏菌污染的肉、奶等畜产品，如处理不当，可造成食源性布鲁氏菌感染，并可引发严重的公共卫生问题。

2. 临床症状

牛感染布鲁氏菌后潜伏期为 2 周至 6 个月，多数在 30~60d。母牛最显著的症状是流产，流产可发生于妊娠的各个阶段，但多发生于妊娠后 6~8 个月。母牛流产前常有分娩预兆象征，有生殖道发炎的症状，如阴道黏膜发炎、出现粟粒大红色结节，阴道中流出灰白色或灰红色黏性或脓性分泌物。一般出现分娩征兆 2~3d 排出胎儿，也有部分母牛不表现任何产前征兆即突然发生流产，排出死胎、弱胎，流产后胎衣停滞、子宫内膜炎，患牛泌乳量下降；非妊娠牛临床上常出现膝关节炎、腕关节炎、滑液囊炎、腱鞘炎、淋巴结炎等，触诊疼痛、跛行；乳房皮温增高、疼痛、乳汁变质，呈絮状，严重时乳房坚硬，乳量减少甚至完全丧失泌乳能力。公牛感染该病后，阴茎潮红肿胀，出现睾丸炎和附睾炎，睾丸肿大、坚硬、触诊有痛感，有时出现关节炎，局部肿胀。

牛感染布鲁氏菌的比例是母牛比公牛多，成年牛比犊牛多，第一次妊娠的母牛比分娩过的母牛发病多，而且流产率高；患病的母牛可垂直传播给胎儿，产犊后造成犊牛先天性感染；一年四季都可发生，但产犊季节多见；家畜饲养比较密集的地区发病率高，牧区明显高于农区和半农区。新疫区流行时多见突发性病例，经常造成牛群暴发性流产；老疫区流行该病很少出现广泛流行，但临床上患有子宫炎、乳腺炎、关节炎以及胎衣不下、久配不孕的牛较多。

养殖场（户）发现牛、羊等家畜出现早产、流产等疑似布鲁氏菌病临床症状后，应尽快向当地畜牧兽医主管部门、动物卫生监督机构或动物疫病预防控制机构报告。动物疫病预防控制机构在接到报告后，应采取隔离、消毒等防控措施，并按《布鲁氏菌病防治技术规范》规定开展布鲁氏菌病的诊断。

患病母牛出现流产、胎衣不下、子宫内膜炎等，严重者久治不愈，屡配不孕。患病公牛发生睾丸炎而不育。部分患牛可出现支气管炎、关节炎和淋巴结炎。病牛胎衣变厚，有出血点，呈黄色和胶样状。部分胎衣表面有浓汁。流产胎儿皮肤有出血点，胃部出现大量的黏性物质，一些器官出现坏死。

3. 实验室诊断

（1）血清学诊断。

①虎红平板凝集试验。在布鲁氏菌病流行病学调查和大面积检测时，我国将虎红平板凝集试验作为布鲁氏菌病诊断的初筛检测方法，其优点是操作方便、成本低廉，适用于布鲁氏菌病的田间试验、筛选诊断和大规模检疫。但存在一定的失误率，易出现假阳性而使诊断错误，通过多次重复试验即可避免。

②试管凝集反应。我国诊断布鲁氏菌病的法定诊断方法是试管凝集试验，其特异性强，操作方便，容易判定，是临床最常用的人及牛、马、骆驼和鹿等布鲁氏菌病的诊断方法。牛、马、骆驼和鹿等凝集价 1：100 以上为阳性；羊、猪和犬等凝集价为 1：50 以上为阳性。急性期阳性率高，可达 80%~90%；慢性期阳性率较低，可达 30%~60%。可疑反应者在 10~25h 内再重复检查，以便确诊。但由于受多种因素的影响，易出现假阴性或假阳性，且有些被感染动物的抗体滴度不一定能达到检测水平，单独使用也容易造成误诊或漏诊。

在生产实践中，先使用虎红平板凝集试验进行初步诊断，再使用试管凝集试验进行最后确诊，可提高诊断正确率。

（2）病原学诊断。

①显微镜检查。采集流产胎衣、绒毛膜水肿液、胎儿胃内容物等病变组织，制成抹片，科兹洛夫斯基染色法染色，发现呈红色的球状杆菌，即可确诊。

②细菌学分离培养。须在生物安全三级实验室进行。

③PCR 等分子生物学诊断。采集患病牛脾脏、淋巴结等病变组织，体躯核酸后，检测是否存在布鲁氏菌特异性核酸。

④布鲁氏菌病胶体金法快速诊断试纸条。此法是近年来最新研制生产的一种十分方便、简单、准确性很高的临床快速诊断布鲁氏菌抗原的方法，很有推广价值。

4. 疫情处置

（1）疫情报告。

任何单位和个人如果发现疑似病牛或疫情，养殖场户要主动限制可疑病牛移动，立即隔离，并及时向当地动物防疫监督机构报告，经确认后，按《动物疫情报告管理办法》及有关规定及时上报处置。

（2）疫情处置。

动物防疫监督机构在接报后要及时派员到现场核查，进行实验室检查。确诊后，当地人民政府组织有关部门按下列要求处置：对患病牛全部扑杀；受威胁的牛群（病牛的同群牛）隔离饲养，如圈养或使用固定隔离草场放牧，牛圈和隔离场要远离交通要道、居民区或人畜密集区，周围最好有自然屏障或设置人工栅栏；病牛及其流产胎儿、胎衣、所有排泄物、乳、乳制品等按照《畜禽病害肉尸及其产品无害化处理规程》（GB 16548—1996）彻底进行无害化处理；最后开展流行病学调查和疫源追踪，对同群牛依次进行检测；对病牛污染的场所、用具等进行严格消毒，金属设施、设备用火焰喷灯消毒或熏蒸消毒，牛圈舍、运动场等可用2%~3%烧碱等喷雾消毒；垫料、粪便等进行堆积发酵、深埋或焚烧，皮毛用环氧乙烷、福尔马林熏蒸等。如果发生重大布鲁氏菌病疫情，当地县级以上人民政府应当按照《重大动物疫情应急条例》有关规定，采取相应的扑灭措施。

5. 防控措施

（1）免疫。

免疫可用布鲁氏菌 19 号菌苗或布鲁氏菌猪型二号菌苗。控制牛群发病可用牛布鲁氏菌 19 号苗皮下注射法免疫，5~8 月龄时注射 1 次，必要时在 18~20 月龄（即第一次配种前）再注射 1 次。以后根据牛群布鲁氏菌病流行情况，决定是否注射。孕牛不能注射。

（2）隔离。

患病牛产犊后，立即将犊牛和其他的犊牛分开，单独喂养，在 5~9 个月内进行 2 次血清凝集试验，阴性者可注射 19 号菌苗或口服猪型二号菌苗，以培养健康牛。

（3）净化。

确诊为布鲁氏菌病的病牛或场内检出阳性奶牛的牛群（场、户）为牛布鲁氏菌病污染群（场、户），必须全面实施布鲁氏菌病净化工作。

6. 净化技术

（1）污染牛群（场、户）的处理被布鲁氏菌病污染的牛群（场、户）要严格执行国家相关政策，积极配合当地政府，反复进行布鲁氏菌病监测，一般每间隔 2 个月就要检测 1 次。一旦发现布鲁氏菌病牛或检测阳性牛，要及时隔离、扑杀，其胎儿、胎衣、排泄物等都要进行深埋等无害化处理。对检测中发现的布鲁氏菌病疑似牛、疑似阳性牛，须在隔离牛舍内进行复检；未建立隔离牛舍的牛场（户）就地隔离，分区集中饲养，加强对牛场设施设备、运动场等的消毒，粪便收集集中堆积发酵，固定饲养工具，严防疫病传播、扩散蔓延。布鲁氏菌病牛、检测阳性牛在宰杀等无害化处理前以及可疑布鲁氏菌病牛在隔离饲养期间所生产的牛乳，均需经高温等无害化处理。

（2）健康犊牛群的培育牛饲养场要设立犊牛培育舍或犊牛岛，远离母牛群（最好 500m 以上）集中进行培育，专人饲养，固定饲养工具，饲养 6 个月后转入生产群，以降低犊牛发病率，提高犊牛的成活率和生产性能。犊牛在培育期间，分别于 20 日龄、100~120 日龄和 6 月龄连续检测布鲁氏菌病 3 次，如果发现布鲁氏菌病阳性牛、可疑牛要及时扑杀，并严格消毒。

（3）牛的调运要求按照布鲁氏菌病净化管理要求，牛场（户）如果在省内调运牛，必须凭调出地动物防疫监督机构出具的检疫合格证、车辆消毒证明和（牛健康证）调运；如果跨省调运，则须经过调入地动物防疫监督机构对调出地进行牛布鲁氏菌病的安全风险评估和跨省牛检疫审批，调出地必须为非疫区；牛在起运前 30d 内，经调出地动物防疫监督机构牛布鲁氏菌病检测合格，并出具检疫合格证明后，方可起运。调入的牛，必须进行隔离观察 45d 以上，并再次经牛布鲁氏菌病检测为阴性后，方可混群饲养。

牛饲养场所有工作人员，包括兽医、饲养员、挤奶工、修蹄工等，都要每年开展一次布鲁氏菌病健康检查，一旦发现有患布鲁氏菌病及感染该病的，应及时调离工作岗位，并进行隔离治疗。工作人员的工作服、用具要保持清洁，不得带出饲养场。

（4）牛净化效果评估经扑杀布鲁氏菌病牛及阳性牛后的牛群为假定健康牛群。凡连续 2 次以上监测结果均为阴性者，方可认为是健康牛群。

（二）结核病

1. 流行病学

该病的致病原是结核杆菌，由于该病菌广泛存在于病牛的各个器官内，因此其传播途径十分广泛。例如存在于消化系统内的结核杆菌，可以通过病牛的粪便排出，污染水源、牧草、饲料，接触健康牛后造成传染；存在于呼吸系统的结核杆菌，可以通过病牛的唾液，喷出的飞沫等传染健康的牛。该病一年四季均可发病，在一些养殖密度较大、牛舍环境较差的条件下，发病率更高。

2. 临床诊断

牛结核病的潜伏期较长，最长可达到 2 周左右。病牛发病后，根据发病部位的不同，具体的病症表现也有明显差异，例如肺结核多表现为咳嗽、日渐消瘦，肺部有啰音；肠结核多表现为便秘，尿液减少，发黄等；乳房结核，泌乳量减少十分明显，并且乳汁不均匀，有时乳汁稀薄，有时也会出现脓块。用手摸牛的乳房，可发现有不规则的硬块。

3. 预防与治疗

养殖人员要配合地方的防疫站、兽医站等，做好每年春季、秋季 2 次检疫工作，防止结核病的传入。定期做好牛舍、养殖场的清洁、消毒工作，每月进行 1 次常规消毒，每个季度进行 1 次彻底消毒。对阳性病牛，可以使用链霉素、对氨基水杨酸钠等常用药品，肌内注射与口服配合使用。肌内注射链霉素 5 000U/kg，隔日 1 次。先隔离后用药，药物治疗效果不明显的，应当严格执行《中华人民共和国动物防疫法》，进行扑杀。

（三）炭疽病

1. 流行病学

炭疽杆菌是引起炭疽病的病原，具有两种形态，即繁殖型和芽孢。一般腐败尸体或者血液中的繁殖体只可生存 2~4d，且大多数杀菌剂都可将其快速杀死。繁殖体在条件适宜（温度为 15~42℃，相对湿度超过 60%，含有充足的游离氧）时能够形成芽孢，其在条件适宜时又能够发芽繁殖。芽孢具有非常强的抵抗干燥、热、化学消毒剂以及辐射的能力，一般在干热 140℃下经过 3h 或者 160℃经过 1h，湿热 100℃下经过 10min，就能够将其杀死。炭疽消毒时必须确保将芽孢杀死，一般选择使用卤素类（氯、碘制剂等）、过氧乙酸、环氧乙烷等。该菌主要致病物质是荚膜以及炭疽毒素，其中后者是导致动物和人出现发病、死亡的主要原因。炭疽杆菌芽孢发芽入血后，会产生水肿因子、致死因子以及保护性抗原。

2. 临床诊断

最急性型，主要在流行初期出现，病牛突然发病，走动时如同醉酒，或者突然倒地，同时全身战栗。体温明显升高，可视黏膜呈蓝紫色，呼吸困难，有煤焦油样的血液从天然孔流出，往往在几小时内发生死亡。

急性型，病牛表现出体温明显升高，一般可达到 42℃，脉搏增数，达到 80~100 次/min，渴欲增强，增加饮水，先是兴奋不安、惊慌，发出鸣叫，之后明显萎靡，瘤胃臌气，停止反刍，部分伴有腹痛、腹泻，排出血样粪便，后期体温降低，出现痉挛，最终死亡，病程一般可持续 1~2d。

亚急性型，病牛病症与急性型类似，但相对较轻，病程持续时间较长，一般可达到 1 周。往往颈、腰、胸、直肠或者外阴部出现水肿，局部温度有所升高，有时水肿处会发生皲裂，有淡红黄色的液体渗出。颈部水肿能够蔓延至咽喉，促使呼吸困难更加严重。病死牛尸体尸僵不全，快速腐败、肿胀，天然孔发生出血，血液呈煤焦油样，较难凝固。

3. 预防与治疗

（1）及时隔离。该病是一种传染性疾病，为此当地动物防疫机构收到疑似炭疽的疫情报告，必须及时派专业人员到现场进行流行病学调查以及临床检查，并对疑似感染该病的肉牛以及其他动物进行隔离，严格控制活动范围。患病死亡病牛的尸体进行检查时，要严格禁止采取开放式的解剖方式。进行采样检查时，必须严格按照有关要求进行操作，避免周围环境污染病原而使其成为永久性的疫源地。

（2）适时免疫接种。如果该地已经成为该病的疫源地，在短时间内较难根除。因此，对于炭疽疫病区中存在的易感染动物则要求每年定期进行接种。通常选择使用无毒炭疽芽孢菌苗、Ⅱ号炭疽芽孢苗。需要注意的是，要根据肉牛不同生长阶段调整无毒炭疽芽孢菌苗接的种剂量。在一般情况下，成年牛每次常规皮下注射 1mL 疫苗；小于 1 岁的牛每次常规皮下注射 0. 5mL 疫苗，经过 2 周就能够形成免疫效力，最长能够持续 1 年的保护。使用Ⅱ号炭疽芽孢苗时，任何阶段牛只都采取皮下注射 1mL 疫苗，经过 2 周即可形成免疫力，也能够持续 1 年进行保护。

（3）药物治疗。血清疗法，也就是在发病早期使用抗炭疽血清进行治疗，通常注射经过 12h，病牛体温就能够恢复正常。为进一步巩固疗效，可再进行 1 次重复注射。抗生素疗法，即使用常见的抗生素药物进行治疗。每头病牛每次可肌内注射 100 万~300 万 IU 青霉素，3 次/d，1 个疗程为 3~5d；或者每头每次肌内注射 100 万~200 万 IU 链霉素，2 次/d，1 个疗程为 3~5d。在临床实践中，最好配合使用血清疗法和抗生素疗法，治疗效果更好。磺胺类药物治疗，该方法具有非常好的效果。病牛可选择使用磺胺嘧啶钠或者磺胺噻唑钠溶液，每头每次肌内注射 80~100mL，每天 2 次，1 个疗程为 3~5d。在治疗过程中，要注意加强护理，促使其尽快痊愈。

第三节　肉牛普通病防治措施

一、常见消化、呼吸道疾病

（一）肉牛支气管肺炎

1. 症状

肉牛在患上这种疾病时会表现出瞌睡、流鼻涕、呼吸困难等症状，有时还会伴随着高温现象。

2. 防治措施

养殖户要想防治这种疾病首先要注意对牛舍内的防寒保暖工作，加强对肉牛的饲养管理。在肉牛出现疾病时养殖户可以使用青霉素300万~600万U，链霉素150万~200万U，安基比林20~30mL给病牛肌内注射；或用紫苏、荆芥、前胡、防风、桔梗、黄柏、麻黄、生姜各30g，党参、黄芪各40g，甘草20g，水煎取汁内服，连用2~3剂。

（二）瘤胃积食

1. 症状

瘤胃积食是肉牛最容易患的消化系统疾病之一。主要原因是饲喂不合理、不科学。如肉牛的精料饲喂量过多，青绿饲料不足，或者由于干料食入过多、水分补充不足，都会造成瘤胃的机能出现障碍，食物停滞于胃内不能消化。另外，肉牛食入易臌胀的食物，如豆制品等，或者食入较长的植物秸秆等，不易于消化，造成食物在胃停留，引发瘤胃积食。还有疾病原因，如热性病、瓣胃阻塞、真胃炎、创伤性网胃炎可导致出现瘤胃积食。

瘤胃积食发病较快，主要表现为嗳气、食欲下降，反刍停止，卧立不安、摇尾、肢蹄踢腹、拱腰，左侧腹部下方臌胀，触压瘤胃有硬沙袋样。有时会有呻吟、呼吸急促、心率加快等症状。严重时会继发脱水、酸中毒，呼吸衰竭甚至死亡。

2. 防治措施

饲养过程中要注意加强管理，防止给料过多，使牛吃得过饱。禁止给牛饲喂劣质、难消化或易膨胀的饲料。合理搭配精粗料的比例，避免精料过多。同时，加强运动，提高机体免疫力和胃肠道的消化能力。

出现瘤胃积食，症状较轻的可停止喂料2~3d，同时灌服健胃药，1次/d。也可将500g的硫酸镁或硫酸钠配成5%的水溶液，给牛服用，使其排出瘤胃内的积食。如果出现脱水或中毒的症状时，可静脉注射5%碳酸氢钠500mL、20%安钠咖20mL，兑入生理盐水1 000~3 000mL。积食严重的，也可采用瘤胃切开手术进行治疗。

（三）腹泻

1. 症状

肉牛腹泻病的发病率较高，病因也较为复杂。细菌、病毒或寄生虫都会引发该病。牛的饮水量过多、食用了霉变腐败的饲料，都会发生腹泻。其根源主要是由于牛舍环境卫生差、饲养管理不到位造成的。饲养环境卫生差，牛很容易感染细菌或病毒，从而引发腹泻病。

由于病毒感染引发的腹泻，一般多表现腹泻症状严重，粪便有恶臭味，呈水样，严重时会出现脱水，肠内会产生较多的气体，大肠音增强，伴有体温升高。长时间的腹泻，病牛的口腔及消化道内黏膜糜烂，体重减轻，甚至出现昏迷和死亡。

2. 防治措施

预防腹泻病应注意做好场舍的卫生清洁工作，定期消毒，及时清理粪便，做好饲养管理工作，夏季控制饮水，不饮地表水，禁止饲喂劣质饲料，都可有效预防腹泻病的发生。一旦发生腹泻病，做到准确诊断，对症治疗。发生轻度腹泻时，停止饲喂青绿多汁饲料、发酵饲料和精饲料，可以喂一些柔软易消化的青干草。如果是细菌性腹泻，可以用抗生素进行治疗，如注射庆大霉素、土霉素等。如果是病毒性腹泻，可每天灌服 1 次 0.2g 的磺胺脒，连用 2d，同时补充 1 500mL 的葡萄糖盐水加 10mL 的安钠咖。病毒性腹泻持续时间较长时，要注意补液和消炎。

（四）肉牛前胃弛缓

1. 原因与症状

前胃弛缓是肉牛的常见疾病之一。其主要是因为肉牛的饲养者选用了劣质的、难以消化的饲料，再加上肉牛本身缺乏运动，体内缺少维生素、矿物质，前胃的胃壁呈现出兴奋性衰退与收缩无力的情况，甚至引发肉牛后期的生产瘫痪。肉牛前胃弛缓的表现症状为：食欲不振、胃蠕动减缓直至丧失。肉牛在前胃弛缓疾病的前期会表现出间歇性肚胀，而在后期粪便的排出上干稀交替，有股难闻的恶臭，这也是肉牛酸中毒的体现，如果没有及时地治疗肉牛前胃弛缓，很容易导致肉牛后期肠炎的发生。

2. 防治措施

治疗时给病牛静注 10%氯化钠 300～500mL，维生素 B_1 30～50mL，10%安钠咖 10～20mL，1 次/d；同时取党参、白术、陈皮、茯苓、木香各 30g，麦芽、山楂、神曲各 60g，槟榔 20g，煎水内服。

（五）肉牛食道梗塞

1. 原因与症状

肉牛食道梗塞的发生，大多是由于饲养者在喂食时没有将饲料软化与打碎，直接将白薯、土豆一类的块根、人工压制的饼类饲料、胡萝卜等较大的食物直接喂予肉牛，从而导致疾病的发生。肉牛食道梗塞的症状表现为，牛的头颈部位伸直，不停地咳嗽与流涎，反复咀嚼却无法进行正常的吞咽活动，肉牛的食欲受到一定的限制。这时通过观察可以发现，肉牛表现十分惊恐，不停地摇晃头部，肉牛的食道中积满了唾液，由此可以判断出肉牛的食道梗塞。

2. 防治措施

肉牛饲养者在饲养的过程中，要将肉牛饲料软化与打破，尤其用人工压制的饼类饲料，要将其整体打破到小块，预防肉牛食道梗塞的情况发生。如果饲养过程中肉牛发生食道阻塞的情况，应该及时地将肉牛食道的阻塞物排出，使肉牛的食道顺畅，解决阻塞的情况，饲养者也可将肉牛的前肢与肉牛的头部拴在一起，强迫肉牛进行运动，肉牛在进行颈肌运动时可将阻塞的食物推入瘤胃中，帮助肉牛进行消化。

（六）肉牛急性瘤胃臌气

1. 原因与症状

瘤胃臌气的发生，主要是因为肉牛饲养者给肉牛过多的发酵饲料，肉牛在食用后，体内生成大量的气体，从而导致嗳气受到阻塞，引发了肉牛瘤胃过度地膨胀。散养的肉牛也会出现此种常见病症，是因为在放牧的过程中，牧草多汁肥美，肉牛大量地食用此类牧草尤其是豆科牧草，从而导致瘤胃臌气的发生。在诊断肉牛瘤胃臌气时，可以发现该类病牛的腰围在短时间内迅速增大，经过叩诊可以听到类似鼓的声音，在瘤胃的听诊过程中可以感受到肉牛的瘤胃初期蠕动性较强，在后期开始减弱直至消失。

2. 防治措施

①大蒜头10个，捣烂，加醋500mL，内服。②油250～500mL，烟丝50g，大蒜头7个，捣烂混合内服。③0.4%的石灰水2 000mL一次内服。

二、肉牛寄生虫病

（一）肝片形吸虫病

1. 流行及症状

主要流行于多水的地区、多雨的年份和季节。该病亦称肝蛭病，是由肝片吸虫和大片吸虫寄生于宿主的肝脏胆囊和胆管所致，一般感染严重时才出现明显的临床症状，表现为体温升高，精神沉郁，呼吸困难，黏膜苍白，食欲下降，消化不良，被毛粗乱，消瘦或贫血，腹泻或便秘。能引起急性或慢性肝炎和胆囊炎，并伴发全身性中毒现象和营养障碍，造成犊牛及成牛大批死亡。粪检即可确诊。

2. 治疗

硝氯酚每千克体重 3~5mg，1 次灌服或每千克体重 0.8~1mg，1 次肌注；三氯苯唑每千克体重 12mg，1 次灌服；溴酚磷每千克体重 12~15mg，1 次灌服。

（二）脑包虫病

1. 流行及症状

主要流行于和犬、狐、豺等肉食兽接触频繁的地区，该病也称脑多头蚴病，是由脑多头蚴寄生于牛脑和脊髓内所致，主要表现为急性脑炎和脑膜炎，出现转圈、前冲后退等神经症状，易惊恐、共济失调、后肢瘫痪，最终因极度衰竭而导致死亡。

2. 治疗

吡喹酮 50~70mg 灌服，1 次/d，连服 3d 或每千克体重 100mg 配成 10%溶液，1 次皮注；丙硫咪唑每千克体重 30~50mg，1 次灌服。

（三）消化道线虫病

1. 流行及症状

主要流行于西北、东北和内蒙古等广大牧区，该病是寄生于牛真胃、小肠和盲肠的各种线虫混合感染所致，主要表现为消瘦、贫血、水肿及下痢，并可因极度衰竭而导致病牛死亡。

2. 治疗

丙硫咪唑每千克体重 5~10mg，1 次灌服；左旋咪唑每千克体重 6~8mg，1 次灌服或配成 5%溶液 1 次肌注；阿维菌素或伊维菌素每千克体重 0.2mg，1 次灌服或皮注；精制敌百虫每千克体重 20~40mg 配成 2%~3%水溶液 1 次灌服。

（四）肺线虫病

1. 流行及症状

该病多见于牧区，是由寄生于牛气管、支气管和肺泡的大型或小型线虫所致，主要表现为咳嗽、呼吸困难、精神不振、贫血、消瘦并可导致死亡。

2. 治疗

阿维菌素或伊维菌素每千克体重 0.2mg，1 次皮注；丙噻苯咪唑每千克体重 6~8mg，1 次灌服；依米每千克体重 0.3mg，1 次皮注或肌注。

（五）螨病

1. 流行及症状

该病俗称“骚”或“癞”，在我国普遍存在，是由疥螨和痒螨寄生其表面而引起的慢性寄生性皮肤病，具有高度接触性传染，发病后往往蔓延全群，主要表现为皮肤发生炎症，多见于尾根两侧、会阴、颈及耳根、角根部，严重感染者腹部、背部等处均出现病变。患畜发生剧烈痒痛，各种类型的皮肤炎症及脱毛等。由于奇痒，出现摩擦，导致患部感染形成脓疮。患病后期，病畜精神不振、食欲不佳、日渐消瘦、奇痒、脱毛、严重者可致死亡。

2. 治疗

阿维菌素或伊维菌素每千克体重 0.2mg 皮注，7d 后重复注射 1 次；0.5%~1%精制敌百虫水溶液或 0.02%速灭杀丁乳油水溶液、0.05%辛硫磷乳油水溶液、0.06%螨净乳油水溶液涂擦、喷洒患处。

（六）泰勒焦虫病

1. 流行及症状

主要流行于 6—8 月硬蜱繁殖季节，1~3 岁牛多见，呈地方流行性。该病是由环形泰勒焦虫和瑟氏泰勒焦虫寄生于牛的网状内皮系统和红细胞内所致，主要表现为高热、贫血、出血、消瘦和体表淋巴结肿大等。

2. 治疗

贝尼尔每千克体重 5~7mg 以蒸馏水配成 7%溶液，臀部深层肌注，1 次/d，连用 3d；硫酸伯氨喹啉每千克体重 0.75~1mg 灌服，1 次/d，连服 3d。

（七）球虫病

1. 流行及症状

该病主要侵害犊牛，多流行于温暖而潮湿的 4—7 月，是由多种艾美尔球虫寄生于牛肠道上皮细胞内所引起的原虫病，主要表现为出血性肠炎和渐进性消瘦、贫血等。

2. 治疗

盐酸氨丙啉每千克体重 25~50mg 灌服或混饲，1 次/d，连用 7d；氯苯胍每千克体重 40mg 灌服，1 次/d，连用 5d 为 1 疗程，间隔 7d 再用 1 疗程；磺胺二甲嘧啶每千克体重 100mg 灌服，1 次/d，连用 5d。

（八）囊尾蚴病

1. 流行及症状

该病发生广泛，是由牛囊尾蚴寄生于牛的肌肉而引起的，主要表现为体温升高至 40~41℃，出现剧烈的腹泻、食欲减退、呼吸急促、心跳加快，有时可引起死亡，8~12d 后症状消失。

2. 治疗

丙硫咪唑每千克体重 50mg，1 次灌服；丙噻苯咪唑每千克体重 40mg，1 次灌服；吡喹酮每千克体重 50mg，1 次灌服。

三、肉牛其他疾病

（一）肉牛低温症

1. 症状

这种病症是由于养殖户在饲养管理过程中管理不当使肉牛受寒潮侵袭导致。肉牛在患上该病后会表现出食欲不振、起卧困难，耳、鼻甚至全身冰凉，身体温度会下降至 26℃左右，严重的还会导致肉牛的死亡。

2. 防治措施

供给优质、易消化的饲料，加强防寒保暖，同时静脉注射 5%~20%的葡萄糖液 1 500~2 000mL，肌内注射 10%樟脑磺酸 10~20mL，并配合中药熟附子 60g，干姜、炙甘草各 40g，研末，开水冲泡，待稍温一次内服，连用 2~3d。

（二）肉牛心包炎

1. 原因与症状

心包炎作为肉牛的常见疾病之一，在疾病的初期表现症状与网胃炎表现是相同的，肉牛的体温迅速升高。肉牛心包炎症状表现为：心律不齐，有明显的杂音，心脏跳动较快，可达 100~112 次/min，极端情况可出现 140 次/min，整个肉牛的肋肌呈战栗姿态，肘部外展。心包炎虽然作为肉牛的常见疾病之一，但病情的发展却十分地迅速，由于肉牛血液循环系统异常，肉牛的颌骨的下方出现明显的水肿。在对该类的病牛进行听诊时，在水肿部位可以听到拍水的声音。

2. 防治措施

对于肉牛心包炎的治疗没有十分有效的策略，只能从肉牛心包炎的预防进行入手。饲养者在进行饲养管理时，要给予肉牛新鲜干净的饲料，细心观察肉牛的状态，才能够进一步地预防肉牛心包炎的发生。

（三）产后瘫痪

母牛产后瘫痪，又称生产瘫痪或乳热证，是 5~9 岁母牛，分娩后突然发生的一种以舌、咽、肠道麻痹，四肢瘫痪，知觉丧失及体温下降为特征的常见多发性产科疾病。

1. 发病原因

（1）日粮搭配不当。常见的是饲料中钙磷比例失调。钙和磷是构成牛骨骼的主要矿物质元素，来源于日粮。如果日粮搭配不合理，钙、磷含量不足或比例不当，或维生素 D 含量不足，就不能从血液和间质中源源不断地获取，即会妨碍吸收，引起牛的蹄叶炎、产后瘫痪、酮病、乳房水肿，甚至会引发牛的真胃变位、瘤胃酸中毒等多种疾病。

（2）产后泌乳过量。初乳中含有比常乳更高的钙和磷，当母牛分娩后，随着初乳的泌出，大量的钙磷从初乳中排出。即便初乳量不大，但因钙磷含量高，如果是为了获取大量的初乳，产后母牛挤出的初乳量大，就很容易使母牛的血钙量迅速下降，如果不能迅速从消化道补充，肠道吸收，或及时动用骨骼中的钙，就会使血钙含量快速下降，引发产后瘫痪。

（3）饲养管理不当。母牛产后产奶量大，血钙从乳汁中流失多，流失快，如果在产前停食时间过长；或饲料品种单一，粗饲料品质差，只供应玉米秸、麦秸、芦苇等杂草，母牛产后消化不良，吸收差；运动不足；在接产过程中，消毒不彻底，保温措施不力，圈舍阴暗潮湿，长期光照不足；在母牛临产过程中，难产，强行拉拽胎儿，造成产道损伤，产后大失血；或难产时采取措施进行强行分娩，母牛体内贮备大量消耗等，都可诱发或激发母牛的营养代谢性疾病，尤其是产后瘫痪的发生。

（4）生产年龄偏大。实践证明，随着母牛年龄的逐渐增大，该病的发病率也在上升。一般 5~8 岁的母牛，特别是奶牛，更容易发生该病。其原因可能是年龄越大，吸收能力越差。而青年牛胃肠机能好，虽然每天分泌的乳汁多，血钙下降也快，但都能快速从消化道和骨骼中得到补充。而随着年龄的增大，母牛的这种反应过程变得迟缓，胃肠吸收钙的能力也明显下降，血钙一旦出现快速下降，很难在短时间内得到快速补充，就会出现该病。

2. 临床症状

典型的母牛产后瘫痪多发生于产后 12~72h。往往见不到明显的临床症状就突然发生瘫痪。如果仔细观察，常可分为 3 个发病阶段。①病初，产后母牛多表现不安，精神沉郁，食欲不振，空嚼磨牙，瘤胃蠕动音减弱，肠道麻痹，头颈和后肢僵硬，运动失调，强迫卧地时常呈犬坐姿势，知觉丧失；②母牛分娩后 3~7d，病牛常表现伏卧不起，四肢屈曲于胸腹之下，冷凉，无力活动，头向后仰，呈“S”状，体温正常或下降，心率、呼吸加快，前胃蠕动迟缓，食欲减退，反射消失，严重者瞳孔反射消失；③分娩后 1 周，瘫痪病牛常现昏睡状，体温下降，反刍、胃肠蠕动停滞，臌气，直肠中可见干硬的结粪，膀胱充盈，病重者呼吸困难，心音微弱，瞳孔散大，意识丧失，卧地不起。

3. 治疗

下列处方中药物用量为体重 200kg 母牛用量，具体用量可按体重大小灵活掌握。

补钙疗法如下。

疗法 1 ①25%葡萄糖注射液 500mL，20%安钠咖 20mL；②10%葡萄糖注射液 500mL，维生素 B_1 注射液 30mL；③10%葡萄糖酸钙注射液 1 500mL，缓慢静脉注射。上述 3 组药物分别、依次使用。1 次/d。一般可连续用药 3~5d。

疗法 2 ①25%葡萄糖酸钙 1 000mL，静脉注射；②5%氯化钙注射液 500mL，静脉注射；③10%葡萄糖酸钙注射液 1 200mL，20%磷酸二氢钠注射液 250mL，静脉注射；④0.1%亚硒酸钠-维生素 E 注射液 40mL，肌内注射。上述 4 组药物分别、依次使用。病情严重者，10%安钠咖注射液（或 10%樟脑磺酸钠注射液 20~40mL），肌内注射；呼吸急促者，5%碳酸氢钠注射液 500mL，地塞米松磷酸钠注射液 10mL。1 次/d。一般可连续用药 3~5d。

疗法 3 10%氯化钙注射液 250mL，25%葡萄糖注射液 1 000mL，地塞米松磷酸钠注射液 20mg，混合后一次缓慢静脉注射。1 次/d。一般可连续用药3~5d。

疗法 4 ①10%水杨酸钠注射液 200mL，40%乌洛托品注射液 80mL，静脉注射；②10%氯化钙注射液 250mL，注射用维丁胶性钙 20mL，静脉注射；③10%葡萄糖注射液 1 000mL，缓慢静脉注射。上述 3 组药物分别、依次使用。一般可连续用药 3~5d。

前胃迟缓的病牛，治宜兴奋胃肠道，恢复前胃功能。健胃散 250g，吗叮咛 15 片，灌服。一般可连续用药 3~5d。

乳房送风疗法如下。

尽量使趴卧的病牛呈侧卧位，暴露乳房；挤净奶汁，用酒精棉球消毒乳导管、乳头及周围。轻轻转动乳导管，缓慢插入乳头直至乳房内，先通过乳导管缓慢注入 5 万~10 万 U 青霉素，稍等片刻，接上送风器或打气筒，分别向 4 个乳区打气送风。待乳房皮肤看起来已经胀满，轻轻敲打呈鼓音时，停止打气，缓慢取出乳导管，同时用纱布条将乳头扎紧，以不出气为度，2h 后，解开纱布条，排出乳房内空气，并对乳房进行轻柔按摩。

（四）胎衣不下

在正常情况下，母牛产犊后12h内可自行排出胎衣，如果12h内胎衣不能自行全部排出而滞留于子宫内，称为母牛胎衣不下，又称胎衣滞留。胎衣不下可引发母牛子宫内膜炎，影响其正常繁殖，严重者子宫感染，还可导致母牛患乳房炎、不孕症，甚至引起败血症而死亡。

1. 发病原因

（1）日粮营养不均衡。母牛在妊娠期，尤其是妊娠后期（奶牛干奶期），如果粗饲料品质差，日粮营养水平不均衡，特别是矿物质元素、微量元素、维生素的含量少，或钙磷比例不合理，将导致钙吸收差。相关资料证明，饲料中钙含量低，是诱发母牛胎衣不下的重要因素。

（2）体质差，子宫收缩力不足。妊娠期母牛如果拴系饲养，运动量小，光照不足；或过度肥胖，过度瘦弱；或老龄母牛体质较差，临产时子宫将收缩无力。此外，因胎儿过大，胎水过多，导致胎盘迟缓，子宫收缩力也会不足。妊娠期感染某些传染病，如布鲁氏菌病、结核病等，也容易导致胎儿胎盘与母体胎盘粘连，临产时子宫收缩无力。

（3）环境影响。母牛产犊时，产房周围环境嘈杂，不仅影响产犊进程，还会导致胎衣不下。产程中母牛突然受到惊吓，子宫极易马上过紧收缩，使已经脱落的胎衣无法及时排出。

2. 临床症状

母牛产犊12h后，胎衣仍未排出，母牛主要表现不安，哞叫，回头顾腹，弓背，努责。全部胎衣不下时，阴门外无异物。部分胎衣不下时，见一部分已经排出的胎衣挂在阴门外，起初呈鲜红色或土红色，随着时间延长，排出的胎衣逐渐腐败变质，变成灰白色，从阴门流出污秽的恶臭血水，并带有部分坏死的组织碎片或胎衣，卧下或按摩子宫，流出液更多。如果24h内仍不能完全排出胎衣，产后母牛常出现全身症状，精神沉郁，食欲不振，前胃弛缓，有时继发瘤胃臌气。

3. 治疗

下列处方中药物用量为体重200kg母牛用量，具体用量可按体重大小灵活掌握。

（1）促进子宫收缩。

垂体后叶素40~80U，肌内注射，2h后重复注射1次。①子宫内缓慢注入温热的10%盐水2 000mL，同时加入土霉素3g。②5%葡萄糖酸钙注射液250mL，静脉注射。③双氯芬酸钠注射液20mL，青霉素480万U，青霉素钠

320 万 U，肌内注射。上述 3 组药物分别、依次使用。1 次/d，一般连续用药 3～5d。

（2）预防感染。

金霉素 2g，装入胶囊内投入子宫。1 次/d，连投 3d。

全身症状明显的病牛，可用 20%葡萄糖酸钙注射液 500mL，维生素 C 注射液 50mL，10%安钠咖 30mL，20%葡萄糖注射液 1 000mL，一次静脉注射，连用 3d；也可用 5%葡萄糖生理盐水注射液 1 500mL，头孢噻呋钠 5g，维生素 C注射液 50mL，地塞米松磷酸钠 20mg，10%葡萄糖注射液 1 500mL，一次静脉注射，1 次/d，连用 3d。

（3）手术治疗。

用药物治疗无效的患牛，应采用手术治疗。

方法 1：胎衣剥离术。母牛产后 2d 有部分胎衣不下时，可用此方法。具体操作：术者剪指甲、消毒手臂、涂抹石蜡油。洗净母牛外阴及周围，先向子宫内注入温热的 10%食盐水 2 000mL。术者左手拉住已经排出的胎衣，右手沿着露在体外的胎衣伸入子宫内，由前向后、先左再右，用拇指和食指捏住胎膜的边缘，轻轻地从母体胎盘上剥开一点，然后顺茬轻拉捻转，如此逐个剥离胎盘，直至胎衣被完全剥离取出。

方法 2：捻转术。取一干净木棍，一头戳进已经外露的胎衣中间，用细麻绳把胎衣绑在木棍上，然后向一个方向转动木棍，让胎衣缠在木棍上，边缠边向外拉拽胎衣，但不可强拉硬拽。此方法有时也能使胎衣快速排出。

注意事项：对母牛产后 2d，胎衣仍全部不下的患病母牛，也可以应用这两种方法进行手术剥离，但不宜过早进行手术，因为剥离容易损伤子宫并引发感染。同时，为防止子宫炎症，可在手术治疗后用温热的 0. 1%高锰酸钾溶液或 2%～3%的明矾水 2 000mL 冲洗子宫，然后灌注土霉素 3g 或四环素 30 片。必要时可肌注青霉素 320 万 U，2 次/d，连用 3d。

（五）子宫脱垂

母牛子宫角、子宫体、子宫颈的部分或全部翻转于阴道，并脱出于阴门外的现象，称为子宫脱垂。如不及时正确处置，可继发腹膜炎，甚至导致败血症而死亡。

1. 发病原因

该病多发于产后。常因体质虚弱、饲养管理失宜或劳役过度，致使母牛子宫韧带松弛，胞宫失去悬吊于支持作用而翻转脱出；或老弱经产母牛体质虚弱，产前过度劳役或产后过早使役且饲养管理不善；母牛长期缺乏运动，肌肉松弛，便秘难下，努责过度；胎儿过大，胎水过多，子宫过度伸展进而松弛；或因其他原因导致腹压突增，均可造成子宫翻转脱出。

2. 临床症状

母牛产后见阴门外挂一圆形肉团，仔细辨认，大多为子宫，有时也附有未脱离的胎衣。脱出物两角处向内凹陷，有许多暗红色的子叶，为母体胎盘。如果脱出时间长，脱出物逐渐淤血、水肿，变成黑褐色肉冻样物，严重感染，破溃流出黄水。如发生在寒冷的冬季，还会因冻伤而坏死。

病牛表现神疲体倦，卧地不起，食欲、反刍渐减，四肢微肿，尿频。严重者继发腹膜炎甚至败血症而死亡。

3. 治疗

（1）手术整复。

用1%~3%的温食盐水或白矾溶液清洗脱出的肉团及外阴周围，去除黏附在肉团上的污物、杂草及坏死组织。用冰片或白矾适量，研为细末，涂抹在肉团上，以便使脱出物尽量收缩。若已发生水肿，应用小三棱针乱刺外脱的肿胀黏膜，放出血水。

整复时，术者用拳头抵住子宫角末端，在病牛努责间隙把外脱的子宫推进产道，还纳于骨盆腔，并把子宫所有皱褶舒展，使其尽量完全复位、复原。而后，进行阴唇的纽扣状缝合，即在阴唇两外侧各垫上2~3粒纽扣，纽扣的下面向外，线通过纽扣孔进行缝合，然后打结固定。同时，取新砖一块烧热，喷上一些食醋，用数层布或毛巾包裹，放在阴门外热敷，以利子宫复原，防止再脱。

（2）药物治疗。

整复后，应同时使用药物治疗。

催产素50~100U，皮下或肌内注射。头孢噻呋钠4g，双黄连注射液80mL，肌内注射，每日2次，连用3d。也可用氯化钙50g（或葡萄糖酸钙100g），25%葡萄糖1 500mL（或50%葡萄糖500~1 000mL），地塞米松磷酸钠15mg，维生素B_1 50mL，维生素C 50mL，静脉注射。1次/d，连用3d。

（3）中药治疗。

手术整复后，可对症选药治疗。

如病牛脱出物不能缩回，色暗紫。病牛不断努责，神志倦怠，反刍少，口色青紫，脉象沉涩者。此为气滞血瘀，治宜行气活血，消肿止痛。方用当归、赤芍各40g，川芎、乳香、没药、续断各30g，郁金、乌药、杜仲各35g，甘草15g。加水适量，煎服。每日1剂，连用3剂。

如病牛脱出物不能缩回，卧地不起，食欲、反刍均少，大便稀溏，四肢微肿，后躯肢冷，口色淡白，脉象细而无力。此为气血双亏，治宜补脾益肾，养血敛阴。方用党参50g，白术、当归各45g，茯苓、白芍、熟地各40g，川芎、附子、肉桂各30g，甘草20g。加水适量，煎服。每日1剂，连用3剂。

如病牛脱出物不能缩回，脱出物严重感染，甚至破溃流水，尿频尿痛，尿色赤黄，口渴但不饮或少饮。此为湿热下注，治宜清热利湿，泻火解毒。方用大黄35g，土茯苓30g，栀子、木通、茵陈、灯芯草、泽泻各25g，滑石、车前草各20g。加水适量，煎服。每日1剂，连用3剂。

（4）针灸疗法。

可针灸百会、命门、尾根、阴俞等穴，1次/d，连针3d。

电针后海、脱肛二穴（位于肛门两侧约2cm处，左右各一穴），1~2次/d，每次30min以上。或者在后海穴和肛脱穴（位于阴唇中点旁约2cm处，左右各一穴）用18~29号针头进针4.5cm左右，分别注入0.25%盐酸普鲁卡因注射液5mL。

为控制子宫再次脱出，可取两侧阴脱穴（阴唇两侧，阴唇上下联合中点旁2cm处，左右各一），各注射95%酒精25mL，每日1次，连用2d。

（六）酮病

酮病是指因糖、脂肪代谢障碍使血糖含量减少，而血液、尿液、乳汁中酮体含量异常增多的一种代谢性疾病。临床上表现为消化功能障碍（消化型）和神经系统紊乱（神经型），以低血糖、高血脂、酮血、酮尿、脂肪肝、酸中毒，以及体蛋白消耗多、食欲减退或废绝为临床特征。常发于产后3周左右的母牛。

1. 发病原因

血糖代谢负平衡，是导致该病的根本原因。有原发性和继发性两种类型。

（1）原发性病因与高蛋白、低能量饲料喂量过大，特别是碳水化合物饲料饲喂不足有关。主要出现在妊娠后期和泌乳初期。此外，饲喂过多过度发酵、质量低劣的青贮饲料；前胃功能障碍，产生过量的脂肪酸；体态过于肥胖等，均可引起酮病。

（2）继发性病因多与产后瘫痪、子宫内膜炎、低磷血症或低镁血症等有关。

2. 临床症状

（1）消化型酮病多在分娩后几天至数周内，尤其是在挤奶次数过多或泌乳盛期的奶牛发病率较高。病牛精神沉郁，食欲不振，反刍停止，拒食精料，喜食干草及污秽的垫草，常舔食泥土，啃咬栏杆。病牛鼻镜无汗，呼出的气体、皮肤和尿液有醋酮味或烂苹果味，牛奶易起泡沫，有醋酮味。有的病牛出现反复腹泻，或腹泻便秘交替发作。可视黏膜苍白或黄染。体重下降，日渐消瘦，脱水，见眼窝下陷，皮肤弹性降低。心跳每分钟 100 次以上，心音恍惚，第一、第二心音不清；体温一般无明显变化或略低于正常。

（2）神经型酮病多在分娩后 7～10d 发病。除了具有消化型酮病的临床症状外，往往表现兴奋狂躁、双眼凶视，做攻击状，不断咀嚼、流涎，常做转圈运动。肌肉尤其是颈部肌肉痉挛，全身抽搐。随着病情不断发展，转为抑制，表现后躯运动不灵活甚至轻瘫，反应迟钝，重者昏睡状。体温下降。

3. 治疗

①50%葡萄糖注射液 1 000mL，地塞米松磷酸钠 30mg；②5%碳酸氢钠注射液 1 500mL，辅酶 A 500U。上述两组药物分别、依次静脉注射，1 次/d，连用 3～5d。同时，丙酸钠 300g/d，分 2 次口服，连用 10d。

神经型酮病，除使用上述方法治疗外，每天胃管灌服 2 次水合氯醛 10g，连用 3～5d。神经症状仍不缓解的病牛，可在以下两个处方中任选其一。

①10%葡萄糖酸钙注射液 500mL，静脉注射，1 次/d，连用 3～5d；同时用 10%安钠咖注射液 20mL，肌内注射，1 次/d，连用 3d。

②5%氯化钙注射液 300mL，5%葡萄糖注射液 500mL，单独或混合静脉注射，1 次/d，连用 3～5d；同时用 10%安钠咖注射液 20mL，肌内注射，1 次/d，连用 3d。

（七）犊牛腹泻

犊牛腹泻是因肠蠕动亢进、内容物吸收不全，导致未被吸收的肠内容物和多量水分排出体外的一种疾病。临床上可分为因感染了病原微生物、寄生虫等引起的感染性腹泻和因饲养管理不当引起的消化不良性腹泻两种。犊牛阶段，10d 左右多发；初冬到早春，气候寒冷季节多见。

1. 发病原因

（1）感染性腹泻。犊牛感染了大肠杆菌、沙门氏菌及冠状病毒、轮状病毒或球虫等，均可引起感染性腹泻。

（2）消化不良性腹泻。①犊牛管理不当。犊牛腹泻多发生在吸吮母乳不久，或出生后 1～2d。犊牛没有及时吃上初乳，初乳喂量不足，母牛患有乳腺炎导致初乳不洁，均可使犊牛体内缺乏足够的免疫球蛋白，抗病力低下，引发该病。

②妊娠母牛营养不全价。母牛在妊娠期，日粮粗劣，缺乏蛋白质、维生

素、矿物质等营养，导致营养代谢紊乱，胎儿发育受阻，出生后犊牛发育不良，体质衰弱，抗病力低；母乳中缺少必要的营养。

③环境条件差。圈舍内部温度低，不能透光；阴冷潮湿，通风不良，是犊牛腹泻的重要诱因。

2. 临床症状

（1）感染性腹泻。①大肠杆菌感染。感染大肠杆菌后引起的腹泻多发生于10日龄内，尤其是1~3d内的新生犊牛。常在犊牛未及时吃足初乳或发生消化障碍时突然发病，母乳不足或质量不佳、牛舍卫生条件差、温暖的小气候控制不力等均可诱发该病。急性病例多发生于2~3d的出生犊牛，呈急性败血型变化，发热，间有腹泻，病程2~3d即死亡。10日龄内的犊牛多呈慢性经过，临床症状较轻，食欲减退或废绝，排水样稀粪；而后呈现出明显的鼻黏膜干燥，皮肤弹性下降，眼球凹陷等脱水症状；有时出现不安、兴奋等神经症状，以后昏迷。严重病例体温下降，虚脱，衰竭，继发肺炎而死亡。

②沙门氏菌感染。感染沙门氏菌后引起的腹泻多见于1月龄左右的犊牛，也称犊牛副伤寒。常突然发病，体温升高至40℃左右，下痢带血，混有黏液、纤维素性絮状物，后肢踢腹。严重者脱水，衰竭，5~6d即死亡。

③病毒性感染。新生犊牛病毒性腹泻是由多种病毒引起的急性腹泻综合征。由轮状病毒感染引起的腹泻，多发生于1周龄内的犊牛；冠状病毒感染引起的犊牛腹泻，多发生于2~3周龄的犊牛。病犊牛表现精神不振，食欲减退或废绝，呕吐，排黄白色稀粪。

④球虫感染。犊牛球虫病多见于1月龄以上的犊牛，4—9月温暖潮湿的季节。感染球虫后的犊牛，下痢，里急后重，便中带血，恶臭。后期食欲废绝；被毛粗乱无光。可视黏膜苍白；贫血；喜卧甚至卧地不起。用饱和盐水漂浮法检查患病牛犊的粪便，可检出球虫卵囊。

（2）消化不良性腹泻。常见于12~15日龄犊牛。病犊腹泻，粪便呈灰白色、褐色或黄色粥样稀薄，有时混有未被消化的凝乳块；有时呈水样腹泻，甚至水枪样从肛门排出；排粪次数多，臭味小，沾污后躯。慢性病例因肠内容物过度发酵，会产生自体中毒甚至继发肠炎，腹泻症状加剧。

3. 治疗

（1）感染性腹泻

①犊牛大肠杆菌病选用广谱抗生素或敏感抗生素治疗；脱水严重的病犊牛，强心补液，配合使用维生素 B_1、维生素 C，纠正酸中毒；纠正低血糖、

低血钾和代谢性酸中毒。

抗生素治疗可用青霉素 80 万~160 万 U，链霉素 100 万 U，或氨苄青霉素 80 万 U，或恩诺沙星注射液 20mL，一次肌内注射，每天早晚各 1 次，连续注射 3~5d。

脱水严重的犊牛，在应用抗生素治疗的同时，还要用 5%葡萄糖生理盐水 1 500~3 000mL，加入 5%碳酸氢钠注射液 150~300mL，静脉滴注，每天 1~2 次，连用 3~5d。也可用 5%葡萄糖氯化钠注射液 500mL、10%葡萄糖注射液 500mL、5%碳酸氢钠注射液 250mL，配合 10%安钠咖注射液 10mL、10%维生素 B_1 注射液 20mL、10%维生素 C 注射液 20mL，静脉滴注。

危重腹泻患病犊牛需要大量补液时，加入 10%氯化钾注射液 50~80mL，静脉滴注，1~2 次/d，连用 3~5d。口服补液可用氯化钠 3. 5g，氯化钾 1. 5g，碳酸氢钠 2. 5g，葡萄糖粉 20g，常水 1 000 mL，混溶后口服，每次 50~100mL/kg 体重，每天服用 3~4 次。每头病犊牛每天每次口服氟哌酸 2. 5g，2~3 次/d；同时用 6%低分子右旋糖酐注射液、5%葡萄糖氯化钠注射液、5%葡萄糖注射液、5%碳酸氢钠注射液各 250mL，氢化可的松注射液 100mg，10%维生素 C 注射液 20mL，混溶后一次静脉滴注。轻症 1 次/d，重危症 2 次/d，连用 3~5d。如果病犊牛有抽搐、昏迷等神经症状时，可同时静脉注射 25%硫酸镁注射液 40mL。

预防该病，要保证牛舍和牛体卫生，产后 12h 内让犊牛吃上、吃足初乳，防止直接接触粪便。母牛在怀孕期间，保证饲料营养全面均衡。饮水清洁，犊牛可自由饮用 0. 1%~0. 5%高锰酸钾水。

②犊牛沙门氏杆菌病内服氟苯尼考，20mg/kg 体重，3 次/d，也可剂量减半肌内注射，连用 5~7d。对症治疗可参考犊牛大肠杆菌病用药。

预防该病，要加强对母牛和犊牛的饲养管理，保持牛舍空气清新、清洁干燥，注意母牛乳房卫生，保证饲草饲料质量，定期消毒。疫区可注射牛副伤寒灭活菌苗，妊娠母牛产前 1. 5~2 个月肌内注射 2~5mL，所产犊牛 1~1. 5 月龄时注射 1~2mL。

③病毒性腹泻该病无有效治疗方法，在加强护理和对症治疗的同时，可用中药提高治疗效果，加强饲养管理，定期检疫、隔离、净化。发现病犊牛，及时隔离治疗。

④寄生虫性腹泻 1 月龄以上的犊牛，内服 5~8mg/kg 体重阿维菌素片，2 次/d，连用 3d。服用驱虫药后 1 周内的粪便要集中堆积发酵。

牛舍保持通风干燥，消除积水，定期消毒。定期擦洗哺乳母牛乳房。保持饲料饮水清洁，严防粪尿污染。犊牛要与成年牛分开饲养。

（2）消化不良性腹泻。

先禁乳 8~10h，改用口服补液盐；用液状石蜡油 150~200mL，一次灌服，排出肠内容物；次日用磺胺脒、碳酸氢钠各 4g，一次喂服，每天服用 3 次，连服 2~3d，控制继发感染和酸中毒；腹泻而脱水者，尽快补充 5%碳酸氢钠注射液 250mL，5%葡萄糖注射液 300mL，5%葡萄糖氯化钠注射液 500mL，一次静脉注射，1~2 次/d，连用 2~3d，以补充电解质。下痢带血的病犊，还可用维生素 K_3 注射液 4mL 肌内注射，2 次/d，直至便中无血。

第七章　牛场生产经营管理

第一节　标准化肉牛场的经营管理

一、肉牛场的生产管理

为了使肉牛场的各项工作有序进行，生产管理主要包括生产计划管理、生产过程管理和员工绩效考核管理等。

（一）生产计划管理

主要包括配种产犊计划、牛群周转计划、产肉计划和饲料计划等。

1. 配种产犊计划

（1）编制原则。编制肉牛场配种产犊计划，掌握编制该计划的根据和方法，为今后工作打好基础。最理想是年产一胎，即产犊后必须在 3 个月左右配种，配种后 9 个月产犊（牛预产期计算是根据其妊娠期为 280d 左右来推算的，一般用配种月份加九或减三，配种日期加六推算，定计划时仅考虑月份加九）。这样，每年 1—3 月配种的母牛，产犊日期会在本年度的 10—12 月。育成母牛则应在 18 月龄左右配种。

（2）所需材料。①牛场本计划年度实际配种产犊记录（表 7-1，或根据肉牛场生产情况而综合反映每头母牛情况的牛群动态表（表 7-2、表 7-3 和表 7-4）。②牛场远景规划和目前产犊分布是否需要调整。③本计划年度和下一计划年度在饲养管理上有否变化。④牛本身的健康状况。⑤编制配种产犊计划。

（3）编制方法。实际配种和产犊情况由于各种原因，并不完全和上述原则一致，故首先应根据本计划年度内的母牛配种产犊记录或母牛动态表所记录的情况列出本年度牛场实际配种产犊情况表。然后根据本年度实际配种（配准）情况即可推算出其在下一计划年度产犊的月份。根据编制原则，凡属本计划年度 4—12 月配种（配准）的母牛，其产犊必定相应地在下一计划年度的 1—9 月。本计划年度 10—12 月产犊的母牛，其配种（配准）期限必定落在下一计划年度的 1—3 月，其产犊则又该落在该年度的 10—12 月。

育成母牛在 18 月龄应配种。凡是在本计划年度初存栏的母牛犊，除中途淘汰之外，实际饲养的母犊的计划配种期必定在下一计划年度的上半年，具体配种期限应按照牛的实际出生月份来作计划，本计划年度上半年出生的母犊牛应在下一计划年度中的后半年配种。在本计划年度下半年出生的母犊，则在下一计划年度中还未到配种期。由于肉牛场并不是每生一头母犊均留下来作后备母犊，实际留下来能在本场配种的仅是其中一部分，所以制订本计划时仅根据本年度育成牛和犊牛动态表所提供的资料即可预算下一计划年度育成母牛的配种计划（表 7–5）。

由于生产上习惯把已产第一胎的母牛看作成母牛（实际母牛到 5 岁生长发育才停止，那时才是真正的成年牛）。所以育成母牛生下第一胎后，再配种时应归并在成年母牛数目内。

表 7–1　配种产犊记录

<table>
<tr><th rowspan="3">牛号</th><th rowspan="3">最后一次产犊日期</th><th colspan="5">配种</th><th rowspan="3">预产日期</th><th rowspan="3">实际产犊日期</th><th rowspan="3">营养状况</th></tr>
<tr><th rowspan="2">与配公牛</th><th rowspan="2">预定配种日期</th><th colspan="3">实际配种日期</th></tr>
<tr><th>第一次</th><th>第二次</th><th>第三次</th></tr>
<tr><td></td><td></td><td></td><td></td><td></td><td></td><td></td><td></td><td></td><td></td></tr>
<tr><td></td><td></td><td></td><td></td><td></td><td></td><td></td><td></td><td></td><td></td></tr>
<tr><td></td><td></td><td></td><td></td><td></td><td></td><td></td><td></td><td></td><td></td></tr>
<tr><td></td><td></td><td></td><td></td><td></td><td></td><td></td><td></td><td></td><td></td></tr>
<tr><td></td><td></td><td></td><td></td><td></td><td></td><td></td><td></td><td></td><td></td></tr>
</table>

表 7–2　某牛场成年母牛牛群动态表

牛号	品种	出生日期	胎次	上胎产奶量 305d（kg）	本胎产犊日期	配种日期	预产期	干乳日期	备注

表 7-3 育成牛群动态表

牛号	品种	出生日期	转入日期	配种日期	预产期	转出日期	淘汰出售	死亡原因

表 7-4 母犊牛群动态表

牛号	品种	出生日期	转出日期	出售日期	淘汰出售	死亡原因

表 7-5 牛群配种产犊计划表

<table>
<tr><th colspan="3">月份头数项目</th><th>1月</th><th>2月</th><th>3月</th><th>4月</th><th>5月</th><th>6月</th><th>7月</th><th>8月</th><th>9月</th><th>10月</th><th>11月</th><th>12月</th><th>总计</th></tr>
<tr><td rowspan="6">本年度情况</td><td rowspan="3">配种</td><td>成年母牛</td><td></td><td></td><td></td><td></td><td></td><td></td><td></td><td></td><td></td><td></td><td></td><td></td><td></td></tr>
<tr><td>育成母牛</td><td></td><td></td><td></td><td></td><td></td><td></td><td></td><td></td><td></td><td></td><td></td><td></td><td></td></tr>
<tr><td>共计</td><td></td><td></td><td></td><td></td><td></td><td></td><td></td><td></td><td></td><td></td><td></td><td></td><td></td></tr>
<tr><td rowspan="3">产犊</td><td>成年母牛</td><td></td><td></td><td></td><td></td><td></td><td></td><td></td><td></td><td></td><td></td><td></td><td></td><td></td></tr>
<tr><td>育成母牛</td><td></td><td></td><td></td><td></td><td></td><td></td><td></td><td></td><td></td><td></td><td></td><td></td><td></td></tr>
<tr><td>共计</td><td></td><td></td><td></td><td></td><td></td><td></td><td></td><td></td><td></td><td></td><td></td><td></td><td></td></tr>
<tr><td rowspan="6">下年度计划</td><td rowspan="3">配种</td><td>成年母牛</td><td></td><td></td><td></td><td></td><td></td><td></td><td></td><td></td><td></td><td></td><td></td><td></td><td></td></tr>
<tr><td>育成母牛</td><td></td><td></td><td></td><td></td><td></td><td></td><td></td><td></td><td></td><td></td><td></td><td></td><td></td></tr>
<tr><td>共计</td><td></td><td></td><td></td><td></td><td></td><td></td><td></td><td></td><td></td><td></td><td></td><td></td><td></td></tr>
<tr><td rowspan="3">产犊</td><td>成年母牛</td><td></td><td></td><td></td><td></td><td></td><td></td><td></td><td></td><td></td><td></td><td></td><td></td><td></td></tr>
<tr><td>育成母牛</td><td></td><td></td><td></td><td></td><td></td><td></td><td></td><td></td><td></td><td></td><td></td><td></td><td></td></tr>
<tr><td>共计</td><td></td><td></td><td></td><td></td><td></td><td></td><td></td><td></td><td></td><td></td><td></td><td></td><td></td></tr>
</table>

注：表中带括号的数字是表示在本年度曾配种或产犊，但到年末之前已被淘汰或死亡，在拟定下年度计划时，不必考虑这些数字。

2. 牛群周转计划

(1) 基本材料。①本年度初和年终的牛群头数和组成结构，牛群的组成结构是牛群中各种性别、年龄、用途不同的牛所占比例，一般可分为育肥牛、繁殖母牛、后备育成母牛、哺乳犊牛（包括公母犊）等，在不同生产方向及用途的牛场其牛群也有不同组成结构，如在以繁殖为主的牛场中，其繁殖母牛比例可达60%；在肉用为主的牛场中，可不饲养繁殖母牛，而采用易地育肥。②本年度预计出售和淘汰头数及时间。③牛群配种分娩计划。④预计购入头数及时间。

(2) 编制方法。①根据上述材料可综合得出计划年度内各月各类型牛的实有头数。②根据牛场现有的设备、劳动力、牛舍设备、饲料供应等条件调整各月牛群的组成结构。③进行牛只转组对应全面考虑，如牛场生产需要，牛群合理的组成结构，拟购入牛只的来源和淘汰头数等因素，其中关键性问题是犊牛和后备育成母牛的转组，并需考虑其性成熟期和可以配种时间（表7–6）。

表7–6 牛场牛群____年度周转计划表

牛类	犊牛						育肥牛					
项目 头数 月份	月初数	增殖数	转出数	死亡数	淘汰数	月末数	月初数	增殖数	转出数	死亡数	淘汰数	月末数
1月												
2月												
3月												
4月												
5月												
6月												
7月												
8月												
9月												
10月												
11月												
12月												
全年												

3. 产肉计划

在编制肉牛的产肉计划时，要根据市场需求、各种牛源的育肥周期定出牛群育肥计划为依据，按牛群组别、月份以及育肥完毕后平均每头活重等项表示（表 7-7）。

表 7-7　牛场年产肉计划

组别	计划年内每月育肥头数												全年总计（头）	育肥期（月）	平均每头活重（kg）	活重总计（kg）
	1月	2月	3月	4月	5月	6月	7月	8月	9月	10月	11月	12月				
幼牛育肥																
成年牛育肥																
总　计																

4. 饲料计划

为了使养牛生产在可靠的基础上发展，每个牛场都要制订饲料计划。编制饲料计划时，先要有牛群周转计划（各类牛饲养头数）、各类牛群饲料定额等资料，按照牛的生产计划定出每个月饲养牛的头日数×每头日消耗的草料数，再增加 5%～10%的损耗量，求得每个月的草料需求量，各月累加获得年总需求量。即为全年该种饲料的总需要量。

各种饲料的年需要量得出后，根据本场饲料自给程度和来源，按各月份条件决定本场饲草料生产（种植）计划及外购计划，即可安排饲料种植计划和供应计划。

由于许多饲料原料的采购存在季节性，必须在原料价格较低时集中进行采购或订购（表 7-8）。

表 7-8　牛场饲料计划

饲料类别 / 牛别	平均饲养头数	年饲养头数	精料		粗料		青贮料		青绿多汁料		牛奶	
			定额	小计	定额	小计	定额	小计	定额	小计	定额	小计
育肥牛												
成年母牛												
青年母牛												
犊公牛												

（续表）

饲料类别 牛别	平均饲养头数	年饲养头数	精料		粗料		青贮料		青绿多汁料		牛奶	
			定额	小计	定额	小计	定额	小计	定额	小计	定额	小计
犊母牛												
总计												
计划量												

（二）生产过程管理

在生产过程中，要实行岗位职责和制度化管理，以提高工作效率和经济效益。建立岗位责任制，就是对牛场的各个工种按性质不同，确定需要配备的人数和每个岗位的生产任务，做到分工明确，责任分明，奖惩兑现，达到充分合理利用劳力，不断提高劳动生产率的目的。每个岗位担负的工作任务必须与其技术水平、体力状况相适应，并保持相对稳定，以便逐步走向专业化，发挥其专长，不断提高业务技术水平。工作定额要合理，做到责、权、利相结合，贯彻按劳分配原则，完成任务的好坏直接与个人的经济利益挂钩，建立奖惩制度，并保证兑现。每个工种、饲养员的职责要分明，同时要保证彼此间的密切联系和相互配合。因此，在养牛人员的配备中，必须有专人对每个牛群的主要饲养工作全面负责，其余人员则配合搞好其他各项工作。

1. 场长主要职责

贯彻执行国家有关发展养牛生产的路线、方针、政策。

负责制订年度生产计划和长远规划，审查本单位基本建设和投资计划，掌握生产进度，提出增产降耗措施。

制订各项畜牧兽医技术规程，并检查其执行情况。

对于违反技术规程和不符合技术要求的事项有权制止和纠正。

对重大技术事故，负责做出结论，并承担应负的责任。

负责拟定全场各项物资（饲料、兽药、肉品加工原料等）的调拨计划，并检查其使用情况。

组织肉牛场的员工进行技术培训和科学试验工作。

对生产方向、改革等重大问题向董事会提供决策意见。

每周亲自分析研究肉牛增重速度、牛群健康和母牛繁殖动态变化，发现问题，及时解决。

对肉牛场畜牧、兽医等技术人员的任免、调动、升级，奖惩，提出意见和建议。

执行劳动部各种法规，合理安排职工上岗、生活安排等。

做好员工思想政治工作、关心员工的疾苦，使员工情绪饱满地投入工作。

提高警惕，做好防盗、防火工作。

2. 畜牧技术人员的主要职责

根据牛场生产任务和饲料条件，拟订本场的肉牛生产计划和牛群周转计划。

制订牛的饲料配合方案及选种选配方案。

善于总结生产经验，传授新的科技知识。

填写好种牛档案，认真做好各项技术记录。

准确称量和记载牛的产肉量、日增重等。

对养牛生产中出现的事故，及时向场领导提出报告，并承担相应的责任。

3. 人工授精员的职责

每年年底制订翌年的逐月配种繁殖计划，每月末制订下月的逐日配种计划，同时参与制订选配计划。

负责做好发情鉴定、人工授精、妊娠诊断、不孕症的防治及进出产房的管理工作。

严格按技术操作规程进行无菌操作，不漏配。

严格执行选种选配计划，防止近亲配种。

认真做好发情、配种、妊娠、流产、产犊等各项记录，填写繁殖卡片等。建立发情鉴定和妊娠的制度。

经常检查精液活力和液氮贮量，发现问题及时上报，并积极采取措施；人工授精器械必须保持清洁。

整理、分析各种繁殖技术资料，掌握科技信息，推广先进经验。

人工授精员的考核：受配率达 80%以上；总受胎率达 95%以上，产犊率 90%以上；个体每次妊娠平均所需输精次数少于 1. 6 次；牛群的平均产犊间隔在 13 个月以下；牛群中有繁殖障碍的个体不超过 10%；牛群中有 70%的个体在产后 60d 内出现发情。

4. 兽医职责

负责牛群卫生保健、疾病监控和治疗，贯彻防疫制度，做好牛群的定期检（免）疫工作。

每天对进出场的人员、车辆进行消毒检查，监督并做好每星期一下午牛场的一次大消毒工作。建立每天现场检查牛群健康的制度。

制订药品和器械购置计划。

认真细致地进行疾病诊治，填写病历。每次上槽巡视牛群，发现问题及时处理。

配合人工授精员做好产科病的及时治疗，减少不孕牛。

做好乳房炎的防治工作。

配合畜牧技术人员共同做好饲养管理，预防疾病发生。

掌握科技动态，开展科研工作，推广先进技术。

对购进、销售活牛进行监卸监装，负责隔离观察进出场牛的健康状况、驱虫、编号，填写活牛健康卡，建立牛只档案。

按规定做好活牛的传染病免疫接种，并做好记录，包括免疫接种日期、疫苗种类、免疫方式、剂量，负责接种人姓名等工作。

遵守国家的有关规定，不得使用任何明文规定禁用药品。将使用的药品名称、种类、使用时间、剂量、给药方式等填入监管手册。

发现疫情立即报告有关人员，做好紧急防范工作。

要做到：场内不发生严重传染病；场内每头牛的平均年医疗费小于 100 元；牛群的体内外寄生虫病发病率接近零。

5. 肉品加工技术人员的职责

做好原料肉的收贮、制冷、保管及运输、加工、销售工作。

做好产品入库、出库的数量记录。要求数据准确，实事求是。

负责监督各车间产品质量。

按照食品卫生法及各种产品的国家标准进行生产。

发现质量问题及时向主管领导报告；并采取解决措施。

负责全厂质量管理与技术培训。

掌握科技动态，组织科技攻关，解决生产中存在的问题，不断开发新产品。

6. 配料员的职责

严格按照科技人员制定的饲料配方配合饲料，保质保量供应到车间。

做好饲料的贮备、保管，不霉不烂。

保证饲料清洁、卫生，严禁饲料中混入铁钉等锐利异物和被有毒物质污染。

7. 养殖场押运员条例

押运员需经检验检疫机构培训考核合格，持外经贸部门颁发的押运员证书方可押运活牛。

负责做好活牛途中的饲养管理和防疫消毒工作，不得串车，不得沿途出售或随意抛弃病、残、死牛及饲料粪便、垫料等物品，并做好运输记录。

活牛抵达出境口岸后押运员须向出境口岸检验检疫机构提交押运记录，押运途中所带物品和用具须在检验检疫机构监督下进行熏蒸消毒处理。

清理好车内的粪便、杂物，洗刷车厢、配合进出境口岸、检验检疫机构实施消毒处理并加施消毒合格标志。

途中发现异常情况及时报告主管部门，做好事故处理工作。

8. 饲养员职责

（1）犊牛饲养员职责。饲养员应依章行事，一切行动从牛体着想，体贴、关心、爱护牛，不允许虐待、打骂牛。

按时作息：早 6:00—9:00，下午 15:00—17:00，晚上 21:00—23:00。

引槽：先关闭其他门，盖好精料袋，添入饲草，再打开运动场门，赶牛入槽，定槽，拴槽，清扫过道。

喂奶：对哺乳的犊牛，按照场方的哺乳期和哺乳量计划的规定喂奶。

喂料：对不哺乳的犊牛，按照场方规定，做到定量饲喂精饲料。

注意喂奶技术：先把牛奶加热到 95℃，持续 3min，降到 38℃再喂牛，喂奶持续时间不少于 1min，喂毕后擦干净牛嘴巴周围，及时纠正有吸吮恶癖的犊牛。

刷拭：对每一头牛按一定顺序（如按牛号或位置等）刷拭，保留头部不刷拭，重点刷拭臀部。

调教吃草料：犊牛 10 日龄后即开始调教吃草料，直至能正常采食为止。

瘤胃微生物接种：与调教吃草料同时，接种瘤胃微生物。

勤添饲草，在牛下槽时，牛槽内应剩有可吃的剩草。注意检查饲草料中有无铁钉、铁丝、碎玻璃、塑料布和霉烂的饲草料等，一经发现，立即捡出。

在牛下槽后，清除粪便，清扫牛床，关灯、关窗，经过检查后方可离开牛舍。

放水：对运动场的水槽放水。

定期清洗运动场上的水槽。

发现牛有发病等异常情况，立即报告有关人员，并协助有关人员解决。

协助有关人员驱虫、去角、防疫注射等。

犊牛饲养员考核：牛饲养定额为 25~30 头；犊牛平均日增重 0.6kg 以上；犊牛成活率达 95%以上；牛体表部位无寄生虫等皮肤性疾病。

（2）育肥牛饲养员职责。饲养员应依章行事，一切行动从牛体着想，体贴、关心、爱护牛，不允许虐待、打骂牛。

按时作息：早上 6:00—9:00，下午 15:00—17:00，晚上 21:00—23:00。

引槽：先关闭其他门，盖好精料袋，添入饲草，再打开运动场门，赶牛入槽，定槽，拴槽，清扫过道。

喂料：按照场方规定，做到定量饲喂精饲料。

刷拭：对每一头牛按一定顺序（如按牛号或位置等）刷拭，保留头部不刷拭，重点刷拭臀部。

勤添饲草，在牛下槽时，牛槽内应剩有可吃的剩草。注意检查饲草料中有无铁钉、铁丝、碎玻璃、塑料布和霉烂的饲草料等，一经发现，立即捡出。

在牛下槽后，清除粪便，清扫牛床，关灯、关窗，经过检查后方可离开牛舍。

发现牛有发病等异常情况，立即报告有关人员，并协助有关人员解决。

协助兽医进行驱虫、防疫注射。

放水：对运动场的水槽放水。

定期清洗运动场上的水槽。

育成牛饲养员考核：育肥牛饲养定额为 50 头；平均日增重 1.20kg 以上；牛体表部位无寄生虫等皮肤性疾病。

（3）成年母牛饲养员职责。饲养员应依章行事，一切行动从牛体着想，体贴、关心、爱护牛，不允许虐待、打骂牛。

按时作息：早上 6:00—8:30，下午 15:00—17:30，晚上 21:00—23:00。

引槽：先关闭其他门，盖好精料袋，添入饲草，再打开运动场门，赶牛入槽，定槽，拴槽，清扫过道。

刷拭：对每一头牛按一定顺序（如按牛号或位置等）刷拭，保留头部不刷拭，重点刷拭臀部。

喂精饲料：做到依产奶量确定喂精饲料量，不得随意饲喂。

勤添饲草，在牛下槽时，牛槽内应剩有可吃的剩草。注意检查饲草料中有无铁钉、铁丝、碎玻璃、塑料布和霉烂的饲草料等，一经发现，立即捡出。

放水：对运动场的水槽放水。

在牛下槽后，清除粪便，清扫牛床，关灯、关窗，经过检查后方可离开牛舍。

发现牛发情、产犊、发病等异常情况，立即报告有关人员，并协助有关人员解决。

协助兽医进行驱虫、乳房炎检查等工作。

要勤俭节约饲草饲料，爱护公共财物，经常检修牛运动场等活动场所。

成年母牛饲养员考核：牛饲养定额为25~30头；成年牛死亡率低于3%；牛发病8h内检出率为100%；对未检查出的发情牛负次要责任；对因饲喂冰冻饲草料、饮冰冻水而引起的流产负全部责任，对因其他原因引起的流产一般负次要责任。

（三）员工绩效考核管理

根据岗位职责进行绩效考核管理，严格执行奖惩制度，以提高劳动生产效率和经济效益。

二、肉牛场的技术管理

对养牛生产及牛产品加工的各个环节，提出基本要求，制定技术操作规程。要求职工共同遵守执行。可实行岗位培训。

（一）肉牛养殖场工作日程

合理的工作日程是提高肉牛生产力的重要环节。当牛场的工作日程规定了以后，就要严格遵守，一切工作都要按表上规定的时间切实执行。如果随意打乱牛场的工作日程，就会使在肉牛中枢神经已经形成的条件反射遭到破坏，会使肉牛感到不安，因而也就会影响生产。

牛场的工作日程，依劳动组织形式、日增重和饲喂次数而不同。目前我国采用的饲养日程，大致有以下几种：两次上槽和三次上槽。前者适合以繁殖为主的牛场，对总的营养物质和饲料量需要较少，可以保证牛只有充分的休息时间，相对也减轻了饲养员的劳动负担，能抽出更多的时间从事学习和技术革新。但对育肥牛场，宜采取三次上槽，既不增加饲养员过多的劳动负担，也不致影响肉牛的日增重。目前我国各地肉牛场多实行这种工作日程。比较理想的方式是采用全混合日粮自由采食，可使牛不挑食、不剩草料，生产性能高，但浪费比较严重，不太适合我国国情。

（二）牛场各月份管理工作的要点

1月：首先，要调查牛群的年龄、膘情、健康状况等，摸清底数，指导工作。其次，要做好防寒保暖工作，尤其要注意弱牛、妊娠牛和犊牛的安全越冬。舍内要勤换垫草、勤除粪尿，保持清洁干燥，防止寒风贼风侵袭。尽可能饮温水，采取措施保证增重。

2月：继续做好防寒越冬，积极开展春季防疫、检疫工作。

3 月：进行彻底消毒。从环境到牛舍，都要彻底清扫、消毒。要抓住时机做好植树造林、绿化牛场工作。

4 月：加强管理，安排好饲料，防止发生断青绿饲料的现象，做好饲草料变动的过渡，以免发生消化失调、臌胀等，以提高育肥牛增重。繁殖母牛驱虫。

5 月：应增喂青割饲料，如大麦苗、早苜蓿等，也可制作青贮饲料。检查干草贮存情况，露天干草要堆垛、密封好，防止雨季到来被淋湿而发生霉烂变质。在地沟和低湿处撒杀虫剂，消灭蚊蝇。

6 月：天气渐热，要做好防暑降温的准备工作。本月牛可吃到大量青绿饲料，日粮要随之变更，逐渐减少精料定量。

7 月：全年最热时期，重点工作应放在防暑降温上，做到水槽不断水、运动场不积水，日粮要求少而质量好，给牛创造一个舒适的条件，力争暑天增重不降低。青草季长的地区，可制作头茬青贮。

8 月：雨季来临，除继续做好防暑降温工作外，还要注意牛舍及周围环境的排水，保持牛舍、运动场清洁、干燥。

9 月：检修青饲切割机和青贮窖，抓紧准备过冬的草料，制作青贮饲料，调制青干草。

10 月：继续制作青贮。组织好人力、物力集中打歼灭战，争取在较短时间内保质、保量地完成青贮饲料工作。注意利用牛的生物学特性抓秋膘，以便获得最大的经济效益。

11 月：从本月后半月起可开始正常配料。做好块根饲料胡萝卜等的贮存工作。继续抓膘，并做繁殖母牛群秋季驱虫。

12 月：总结全年工作，制订下年的生产计划。做好防寒工作，牛舍门窗、运动场的防风墙要检修。冬季日粮要进行调整，适当增加精料喂量。

（三）技术指标

见表 7-9、表 7-10。

表 7-9　一般肉牛育肥技术管理指标

育肥阶段	年龄	日增重（kg）	发病率（%）
犊牛期	0~6 月龄	0.8~1.2	5
育成期	7~12 月龄	1.3~2.0	3
育肥期	13 月龄至出栏	1.5~2.0	2

表 7-10 高档肉牛育肥技术管理指标

育肥阶段	年龄	日增重（kg）	发病率（%）
犊牛期	3~6 月龄	0.8~1.0	5
育成期	7~12 月龄	1.0~1.3	3
育肥前期	13~19 月龄	1.4~2.0	2
育肥后期	20 月龄至出栏	1.2~1.5	2

三、肉牛场的财务管理

（一）劳动定额管理

为了保证肉牛场有序、高效进行生产，需要统一组织、计划和调控。首先，肉牛场需要有科学合理的人员配置。规模较小的牛场不设置专门的职能机构，可采用直线制进行管理，即场长负责一切指挥和管理。规模较大的牛场，根据需要，可设置相应的其他管理人员，一般按场长、副场长、生产技术人员、兽医、财会人员、后勤人员、饲料加工人员、饲养人员和检验化验人员设置。在不违反国家有关劳动法规下，人员配置越少越好，小型牛场必须采用一人多职，简化机构，提高效率，冗员往往是肉牛场失败的主要原因之一。

制定合理的劳动定额，可做到具体分工，专人负责，有利于饲养员了解自己所管牛只的个体特性、生活习惯、生理机能和生产能力等，以便在了解牛只情况的基础上，进行有针对性的饲养管理，可以有计划地提高每头牛的生产能力，并可充分发挥饲养人员的积极性和创造性。

制定劳动定额，主要指标应包括饲养头数、膘情等级、母牛的配种产犊率、犊牛成活率、日增重、饲料定额和成本定额等。然后根据完成定额的好坏，确定报酬。在规定各项定额时，应根据各地具体条件而有所区别。一般牛场可按成年母牛、妊娠母牛、犊牛、青年牛或育肥牛等不同牛群，分别组成养牛小组或包到个人。在一般条件下，每人可管理育肥牛 50 头左右，成年母牛 25~30 头，断奶后育成牛 50 头左右，购入奶公犊则可按照奶牛人工哺犊定额 20 头左右。

总之，制定劳动定额时，必须从实际出发，以有利于调动饲养人员的积极性和提高劳动生产效率为原则。

（二）财务制度

严格遵守国家规定的财经制度，树立核算观念，建立核算制度，各生产单位、基层班组都要实行经济核算。

建立物资、产品进出、验收、保管、领发等制度。

年初、年终向职代会公布全场财务预、决算，每季度汇报生产财务执行情况。

做好各项统计工作。

四、肉牛场的技术效益评价

（一）技术经济效果指标类

全员劳动生产率：即产品产量（牛肉或其加工产品）或产值与年平均在册职工总数之比。

直接劳动生产率：即产品产量或产值与年均直接生产职工人数之比。

全员劳动利润额：即年总产值减去全年消耗的生产资料价值（产品销售成本）及税金所留余额与年均在册职工总数之比。

每千克牛肉成本：即（育肥牛饲养费用-副产品价值）/屠宰净肉。

每千克增重成本：即牛群饲养费用减去副产品价值的余额与该增重总量（kg）之比。

百元定额流动资金利润额：即产品利润总额与定额流动资金（百元）之比。

百元固定资金利润额：即产品利润总额与固定资金（百元）之比。

投资回收期：即投资总额与年均利润增加额之比。

投资效果系数：即年平均利润额与投资总额之比。

（二）技术经济分析指标类

劳动力利用率：即全年参加养牛生产的人数与劳动力年均总人数之比。

职工年人均负担养牛头数：即牛年均总头数与职工年均总人数之比。

其他指标（饲料利用指标、牛生产力指标、繁殖率指标等）。

对牛产品加工生产分析可采用产品产量、产品销售量、产品总产值、净产值、产品品种数量、新产品比重、质量合格率、产品优质率等指标。

（三）肉牛场生产成本核算

肉牛生产的主要目的是组织各种资源产出一定数量合格的肥牛，提供适时商品牛，并利用肉牛价格创造价值。为产品的产出而花费的资源价值称为投入；而生产的产品所创造的价值称为产值，即产出。经营得体，一年或一个生产周期的产出应大于投入，即从所得的产值中扣除成本后，应获得较多的盈余。只有这样生产才得以维持并不断扩大再生产。

成本是指组织和开展生产过程所带来的各项经费开支。各项经费开支，分现金开支和非现金开支。现金开支是成本的一部分，它是为进行生产购买资源投入时发生的，如购入架子牛、饲料、药品、用具等所支付的现金。成本的另一方面，还包括非现金开支或隐含的开支项目，如原有的畜舍、不计报酬的家庭劳力、利息、折旧费等，它们也是生产开支，实行成本核算时也应记入成本账。现金开支和非现金开支的总和，构成肉牛养殖场（户）经营的总成本，也只有包括这两类开支，才能充分如实地表述从事养牛经营所投入的成本。

盈利是对养牛场（户）的生产投入、技术和经营管理的一种报偿，是销售收入减去销售成本、税金之后的余额。销售收入的计算原则如下。

A. 实际销售的产品，如出栏的肉牛，是构成销售收入的第一要素。

B. 自销的产品值。

C. 其他销售值，如粪肥出售应计入销售值。

D. 对存栏的架子牛、育肥牛等不能计入本年度的销售收入，也不能作价计算收入，应按实际成本结转在下年度。

一个养牛场（户）的盈利可能是正值，也可能是零甚至负值。负值说明其投入的报偿低于当时市场上的平均报偿率；零或负值时，连所耗费的实际成本也无法支付，其结果便等于破产，盈利是正值，说明所投入的生产要素得到了令人满意的报偿，要计算投入产出或利润率=利润/投入量×100%，是比较客观地反映效益。

养牛场（户）的经营核算，是经常持久的经营管理活动，它是提高经营管理水平、正确执行国家有关财经政策和纪律、获取盈利、进行扩大再生产必不可少的重要环节。不仅应认识其重要性，而且应求其准确性和经常性。为此，养牛场（户）都应建立必要的账目。一般有一定规模的养牛场或农牧场都有会计人员，并建立了相应的会计业务和经营核算体系，但养牛户和小型养牛场多无专管会计员，有的账目不全或不准确，甚至经营管理者不重视，这都不利于经营核算。

根据养牛户的经济活动，其会计科目大体内容可分支出类（包括“固定资产”和“原材料”）、收入类（主要是“销售”）等作为设置账目的依据。

所谓“固定资产”，一般分为生产用与非生产用固定资产。前者包括：畜舍、仓库建筑物、拖拉机、水电设备、种畜、农具等，即直接参加或服务于生产经营的固定资产。后者指不是直接用于生产或其他经营活动的固定资产，如住房等。

所谓“原材料”，是指能生产育肥肉牛或其他副产品的各种原料和材料。如饲草料等主要原料，疫苗、药品等辅助材料，还有燃料、维修材料、各种装物的器具、低值易耗的生产工具等。

养牛场账户可设下列主要科目。

①收入类，包括育肥肉牛收入、淘汰牛收入、粪肥收入、贷款、暂收款等。

②支出类，包括饲料支出、架子牛支出、死亡支出、医疗费支出、配种支出、人工支出、运费支出、用具支出、其他支出、税利支出、暂付款、集体提留及公益支出等，固定资产、折旧、其他及周转资金预留及其利息等。

③结存类科目为现金、银行（信用社）存款、固定资产、库存、其他物资等。

（四）经营活动分析

肉牛场的经营活动分析是不同阶段研究肉牛养殖企业经营效果的一种好办法，是为了通过分析影响效益的各种因素，找出差距，提出措施，巩固成绩，克服缺点，使经济效益更好。分析的主要内容有对生产实值（产量、质量、产值）、劳力（劳力分配和使用、技术业务水平）、物质（原材料、动力、燃料等供应和消耗）、设备（设备完好率、利用、检修和更新）、成本（消耗费用升降情况）、利润和财务（对固定资金和流动资金的占用、专项资金的使用、财务收支情况等）的分析。

开展经营活动分析，首先要收集各种核算的资料，包括各种台账及有关记录数据，并加以综合处理，以计划指标为基础，用实绩与计划对比、与上年同期对比、与本企业历史最高水平对比、与同行业对比进行分析。至于开展经营活动分析的形式，可分为场级分析、车间（牛舍）分析、班组分析。在分析中，要从实际出发，充分考虑市场动态、场内的生产情况以及人为、自然因素的影响，从而提出具体措施，巩固成绩，改进薄弱环节，达到提高经济效益的目的。

依据经营分析和主客观情况，做好计划调整与调度，安排与调整生产计划。首先要关注市场变化，尽可能做到以销定产，在考虑国内市场时，要特别注意安排季节性生产，尽可能在重大节日的市场需求旺盛期多出好牛，以获取更好效益；其次是依据本场现有条件和可能变化的情况（如资金、场地、劳力）挖潜增效；再次要考虑架子牛的供应和饲料供应，做到增产节约、产供协调；最后有条件的要用文字形式写出分析报告，包括基本情况、生产经营实绩、问题以及建议等，以利于进一步提高业务管理水平、经营水平和企业综合决策水平，不断提高单位效益。

第二节　牛场经营风险控制

一、规模化肉牛场的经营风险及其防范策略

我国肉牛业正处在从传统肉牛业向现代肉牛产业发展的过渡阶段，千家万户的分散饲养正在被规模化、集中化、科学化、标准化、商品化的肉牛养殖所取代。在市场经济条件下，有规模才有效益，有规模才有市场，规模化养殖既可以增加经济效益和提高抵抗市场风险的能力，还是实施标准化生产提高畜产品质量的必要基础。

（一）经营风险

原材料风险：肉牛育肥场的主要原料为饲料，其产量和价格受地区环境条件、自然灾害、季节性变化以及市场饲料价格波动的影响。

牛源风险：我国的肉牛生产发展很快，很多经营者都已经意识到肉牛的快速育肥效益良好，因此从事这一工作的人也越来越多，这就存在竞争牛源的问题，近年牛源已经呈现出紧张的情况。

销售市场风险：肉牛经过育肥后能否销售出去是关系到整个肉牛生产过程的价值能否体现的关键环节，及时确定销售市场是非常重要。

疫病风险：肉牛和其他家畜一样，也可能发生传染病寄生虫病和消化道病等，特别是在异地集中育肥的条件下发生疫病的可能性比小规模分散饲养要大得多。疫病的发生对肉牛场的影响是巨大的，必须引起肉牛场经营者的高度重视。

质量安全风险。近年来一些畜产品出现质量问题，其中一个重要原因就是企业加工和农户养殖脱节大部分都存在中间环节。他们千方百计多挣钱，对畜产品质量无须承担责任。养殖户难以获得稳定的效益，经常是效益好时规模快速膨胀，出现亏损时，规模急剧萎缩，这也是导致多年来畜产品市场大起大落的另外一个原因。还有企业难以获得稳定的原料供应，无法实现对原料质量的控制，因此产品质量安全事件时有发生，而一旦出现质量安全事件，对畜牧业的冲击也不容忽视。

（二）防范策略

肉牛产业是从产地到餐桌、从生产到消费、从研发到市场的产业各个环节

紧密衔接、环环相扣。肉牛养殖场经营者要掌握市场动态，化解养殖场可能遇到的生产和经营风险，增强养殖场抗风险的能力。

1. 肉牛场的经营体制

为了抵御或避免肉牛场在运营过程中的风险，提高肉牛场的市场应变能力和加大市场竞争力，最大限度地降低成本。提高项目的经济效益和社会效益，建立肉牛养殖企业独立核算的经济实体，履行企业经营法人义务，实行责任制。

肉牛场的经营模式：在相关部门的领导下，组织和建立“公司+农户”的牢固生产体系。为了保证肉牛场有稳定的架子牛来源生产优质牛肉，肉牛场必须重视与当地养牛农户的分工与协作采用“公司+农户”的经营方式，这对于农户和肉牛场都是有利的。具体的做法是牛场与农户签订架子牛收购合同，牛场对农户肉牛的改良、繁殖及饲养管理提供技术服务。一方面，农户为牛场提供架子牛来源等，继续推进肉牛业的杂交改良工作，激发农户饲养母牛、生产杂交牛的积极性。公司与农户签订协议，在保证农户利益的条件下，使公司的牛源得到保证；另一方面，公司为农户生产杂交牛提供配套服务。定期组织技术培训，组织联系肉牛及牛肉产品的销售和其他技术服务，形成稳定的合作关系。建立生产杂交肉牛、肉牛育肥及销售的一条龙生产线，使肉牛生产形成一个产业为促进当地农民的就业、脱贫致富、带动当地经济的发展发挥作用。

2. 开拓市场

建立供应和销售网络管理机构，加强宣传，扩大销路，树立风险管理意识，加强风险管理。

3. 加强管理

加强内部管理，保证质量，打造品牌，建立信誉，加强服务。在严格执行无公害肉牛生产要求的前提下，应用先进的肉牛生产技术，提高产品质量。

4. 加强技术培训

职工应具有较高的文化素质和专业技能，对职工应进行相应的业务和技术培训管理，技术人员的录用要求应更高，有管理和技术专长对被聘用人员除经常考察其实际工作表现和业绩外，还要定期进行业务和技术考核，实行优胜劣汰的用人机制。肉牛场在投入运营之前应组织管理人员到国内管理和技术先进的肉牛场进行参观、实习或进行 1~3 个月的技术培训，以便作为肉牛场的业务、技术骨干。另外要经常请教学、研究机构的专家到肉牛场，针对肉牛杂交改良新技术、计算机管理技术、优质牧草的种植、肉牛的快速育肥、疫病防治以及肉牛的屠宰加工等方面对全体职工进行培训，不断提高职工的专业技术水平。进行企业经营活动分析。重点分析：固定资金产值率、固定资金利润率、流动资金周转率、产值资金率、资金利润率、成本利润率、销售利润率、产值利润率等数据，以利于及时控制资金使用，获得最佳经济效益。

二、养牛场的经营管理之道

我国的肉牛生产刚刚起步，科学饲养管理、规模化水平还相当低。目前农村家庭传统饲养牛品种退化，管理粗放，绝大多数地方仍以放牧为主。肉牛生产只用老瘦牛育肥，不仅数量少，而且肉质差、个体小、生长慢，传统饲养牛虽然用粮少或不用粮，但生长周期长，产肉少，效益低。作为节粮型畜牧业的主要品种，肉牛生产的潜在优势亟待开发。要提高农村肉牛生产效益，使它们形成产业，必须改变传统的生产方式，学习采用国内外生产肉牛的先进技术，包括规范饲养、科学管理和集约化经营等一整套现代化饲养肉牛的基本知识和技能。饲养肉牛的目的在于运用最好的技术方案和管理技巧，获取理想的经济效益。养牛场能否取得好的经济效益，关键是经营管理，如何采取一套科学的经营管理方法，力争以最少的人力、物力消耗，取得最大的经济效益。

（一）科学管理

养牛场目前存在诸多问题，如牛的品种参差不齐，育肥场购买的牛来源广泛。试验证明，杂交牛比地方牛增收20%~30%。饲料配方不科学，耗料多，成本高。不善于核算，增收节支上漏洞很多。经营方式单一，产品多以活畜进入市场，没有形成产业模式，与相关产业结合度不高。牛的杂交改良配种环节服务不完善。不善于学习推广新技术，横向交流，信息交流少。政策支持力度小，一直存在资金流量不足，难以扩大再生产。

科学管理是提高养牛经济效益的首要条件，无论是专业户，还是肉牛场，都必须十分关心和注意研究提高肉牛的经济效益问题。为了提高养牛效益，使养牛生产稳步发展，必须把经营管理方法与科学饲养技术很好地结合起来，综合分析各要素，科学制定规划，作出适合自身发展的经营模式。

（二）牛场的经营管理要点

1. 决策

结合本地环境、气候、农作物副产品等条件，对肉牛市场、饲料供应、生产技术及相关产业进行调查、分析、预测，制定近远期（5~10年）发展详规，然后咨询评估，作出决策。

2. 计划

依据发展详规，拟定一系列各项计划，如项目资金投资计划、生产计划、技术引进计划、营销计划等。

3. 组织

为了实现决策目标和计划，必须建立组织机构，明确职责，组织和协调好人员、物质等各种生产资料。

4. 监管和控制

制定各项制度。特别是对生产经营过程中的人和物的使用，要进行系统的检查和核算，奖罚分明。控制不必要开支，确保不断降低消耗，减少成本，提高盈利水平。

5. 牛场的信息化管理

随着科学信息技术的推广应用，牛场的信息化管理已越来越重要。如人员信息化管理、牛群信息化管理、市场信息收集、各级政府政策信息发布等都会给牛场带来很大帮助和支持。所以，牛场一定要利用好信息这个平台，争取更多政策支持。

三、肉牛全产业链经营思路

我国畜牧业发展具有良好的发展前景和市场空间，是支撑未来国内消费升级和国内大循环的主要产业和抓手，全面提升畜牧业产业竞争力，改变现有发展格局，尽快培育一批具有可持续发展能力的龙头企业，是未来实现农业现代化的重要战略。而肉牛也是国民经济和社会发展的基础性产业，同时具有周期长、产业链长、经济带动性强的行业特点。

(一) 我国肉牛业是起步较晚的朝阳行业

在 20 世纪 70 年代中期，我国才提出“独立的肉牛业”。近年来，我国肉牛市场行情整体向好，活牛及牛肉市场价格屡创新高，商品牛源趋紧导致犊牛、架子牛与育肥牛出栏价格明显倒挂，繁育母牛饲养效益优势渐显，规模化肉牛养殖企业经济效益有所改善，但盈利水平差异化显著。同时消费升级有望继续带动牛肉需求趋势性上升，按近两年 65 元/kg 的平均价格、13.95 亿人口估算，当达到世界平均消费水平时，我国牛肉消费总量将突破 1 100 万 t，消费额将达到 7 000 亿元以上，未来还有至少 30%的增长空间，将成为世界牛肉消费大国。

(二) 肉牛产业发展的薄弱环节

必须清醒地看到，与奶牛一样，肉牛产业也是一项综合性和系统性较强的产业，同时也是技术密集型和资金密集型产业。目前大力发展肉牛产业呈现以下六个特点。

(1) 产业基础薄弱，在肉牛产业发展上没有形成竞争优势明显的龙头企业。

(2) 没有形成种养融合、生物技术、冷链物流、食品深加工、渠道网络等产业链上协同发展的生态圈和商业模式。

(3) 没有形成具有影响力的品牌。

(4) 没有形成全球资源对接中国市场协同发展的模式和体系。

(5) 我国拥有巨大市场和发展空间，但没有一家与市场相匹配的动物蛋白公司，与全球差距很大。

(6) 没有成套核心技术及相关技术的国内标准体系。

(三) 亟须构建产业生态圈和利益共同体

中国肉牛产业发展需坚持“一二三”产业联动、融合发展，以“种植业+饲料业”发展肉牛规模化养殖，以“能繁母牛+育肥牛”发展现代化肉牛屠宰及精深加工产业。横向上着力打造产业群，推动产业集群发展和产业间功能互补，构建“一二三”产业交叉融合的体系，实现规模化、标准化、品牌化“三化联动”，提升产值、品质、效益，实现肉牛产业上中下游产业联动、“一二三”产业融合发展。纵向上着力延伸产业链，促进肉牛优良品种培育、肉牛饲养、饲草种植、饲料加工、肉制品深加工、冷链仓储物流、销售一体化发展。

围绕肉牛全产业链各环节进行深度布局，聚焦全产业链各环节的关键技术和关键环节，通过资本和产业协同，形成新的发展生态圈和利益共同体，推动科研与产业更好融合，推动大企业与小企业协同发展，推动产业链各企业精准定位，提高效率；着力让生态圈和平台上的企业创造更大价值，降低风险和成本；着力让生态圈的企业共同分享产业利益和资本收益，共同打造产业链上的核心优势和综合竞争力，为我国“十四五”期间农业现代化和农业集约化发展作出新的贡献，为走出一条农业创新发展、转型发展道路作出新的贡献。

(四) 构建肉牛产业生态圈的关键在于整合资源

1. 资源整合

需要整合包括架子牛、育肥牛、肉牛品种、屠宰加工和渠道及专业人才等重要环节的生产资料资源，内容如下。

(1) 牛源整合，就是要迅速建立核心群、繁育群和育肥群，摆脱对育肥牛来源控制。

（2）屠宰加工整合，需要选择在国内屠宰加工迅速布局，占领先机，整合国内加工分割先进企业，通过整合吸收再创新思路，回补区域化牛肉产业不足和薄弱环节。

（3）产品整合，目前牛肉产品品质低，产品技术含量低，食品安全保障差，我们要有好的产品组合去适应市场，可精细化分割 16 个部位 300 余个品种，从初加工向深加工转变，从深加工再向综合加工转变，通过推出新产品提升盈利能力。

（4）人才技术整合，高品质肉牛养殖，生产、技术含量要求较高，从架子牛养殖到育肥，再到屠宰加工，再到市场营销，都需要专业型人才。

2. 成本整合

牛肉产业其行业属性皆属大宗原料生产，其竞争本质是成本优势。通过降低成本，确立定价权优势是取得竞争核心的基础。其核心在于如下几个方面。

（1）降低架子牛成本，没有优良架子牛，是制约肉牛产业化的关键。企业通过直接服务于农户，建立统一 TMR 饲料配送，建立统一技术服务队伍，实现资金和时间上的双重成本降低。

（2）降低育肥成本，肉牛生产的最大成本来自养殖成本，即饲料成本、人工成本、制造费用等关键成本。更需要关注非财务指标成本，如淘汰率、日增重、剩余饲料等成本。

（3）降低屠宰成本，要从生产过程中降低成本。提高屠宰量与单位成本匹配度、提高劳动生产率，提升产品品质，降低制造费用。

（4）降低管理成本，可采用特定商业模式养殖肉牛，需要采取“统一饲料，统一动保，统一销售，统一财务”的管理机制，降低管理成本，提升管理效能。

3. 渠道整合

中国肉牛产业基本构成由“养殖户、牛贩子、企业、屠宰场、经销商”等组成，整个产业链条较长，每个环节都需要有各自的收益。因此，构建一个“产、供、销”一体化的产业链条，去掉一些中间环节，降低产业链上的成本，是产业链升级的关键之一。

4. 品牌整合

目前中国牛肉市场中低档牛肉产品较多，尚未形成全国领导品牌。肉牛屠宰加工市场集中度较低，虽然规模化屠宰企业不断增加，但是小型加工屠宰场仍占据了肉牛屠宰量的绝大部分，使得中国牛肉产品质量较为一般，整个牛肉市场尚未形成全国化领导品牌。根据市场现状和需求，中低端牛肉走品牌的道路有困难；高端品质的牛肉，才是能够走向品牌的正道。这决定了打造本土牛肉品牌，要从牛肉产品的价值和食品安全角度进行更深层次的思考。

（五）构建肉牛产业生态圈的途径

依据行业趋势和国内产业发展判断，迅速启动肉牛全产业链生态圈意义重大。肉牛全产业链长期稳定高效运行的关键在于商业模式的建立，核心在于整合各类资源。建立良好商业模式下肉牛产业体系，生产管理精细化程度仍是当前决定肉牛养殖投资回报率的核心要素，重点在对饲料资源的开发利用、肉牛养殖产业的重构、牛肉产品开发和品牌等环节的整合，核心在于技术支持体系。对产业链中各单体的管理体系的建立和运行的关键在于机制，在于对团队的支持和激励，在于对行业内真正有能力人才的吸引和使用。根据肉牛产业发展中对生物资产安全性及产业周期性波动的管理要求，成立专业风险控制与保险平台，提供精准、专业服务，支持产业健康发展。同时加大资本市场对肉牛产业发展的支持，优先支持生态圈内肉牛产业企业的上市、重组和再融资。推进生态圈内核心技术研发联盟的成立与运行，加快相关应用类高校转型发展，增加部分肉牛产业专业门类，加大招生规模，支持产业快速发展对人才的需求。

主要参考文献

白欣洁，2023. 肉牛养殖四季管理精要 . 北京：中国农业科学技术出版社.

刁其玉，2018. 犊牛营养生理与高效健康培育 . 北京：中国农业出版社.

李连任，2016. 牛场消毒防疫与疾病防制技术 . 北京：中国农业科学技术出版社.

孟庆翔，周振明，吴浩，2018. 肉牛营养需要 . 北京：科学出版社.